Mexico Tapachula Chiapas
Burundi Kalico

纯咖啡：

种植、烘焙、萃取、经营、饮用

[比] 卡特琳·鲍威尔斯
[比] 威姆·坎彭纳尔斯 著
林霄霄 译

江苏凤凰科学技术出版社
·南京·

图书在版编目（CIP）数据

纯咖啡：种植、烘焙、萃取、经营、饮用 /（比）卡特琳·鲍威尔斯，（比）威姆·坎彭纳尔斯著；林霄霄译. — 南京：江苏凤凰科学技术出版社，2020.10
ISBN 978-7-5713-1090-5

Ⅰ. ①纯… Ⅱ. ①卡… ②威… ③林… Ⅲ. ①咖啡 – 基本知识 Ⅳ. ①TS273

中国版本图书馆CIP数据核字（2020）第059040号

纯咖啡：种植、烘焙、萃取、经营、饮用

著　　者	[比] 卡特琳 · 鲍威尔斯　[比] 威姆 · 坎彭纳尔斯
摄　　影	[比] 维姆 · 肯佩纳斯
译　　者	林霄霄
策　　划	陈　艺
责任编辑	陈　艺
责任校对	杜秋宁
责任监制	方　晨
出版发行	江苏凤凰科学技术出版社
出版社地址	南京市湖南路 1 号 A 楼，邮编：210009
出版社网址	http://www.pspress.cn
印　　刷	广州市新齐彩印刷有限公司
开　　本	889 mm×1194 mm　1/24
印　　张	12
插　　页	4
字　　数	250 000
版　　次	2020 年 10 月第 1 版
印　　次	2020 年 10 月第 1 次印刷
标准书号	ISBN　978-7-5713-1090-5
定　　价	128.00 元（精）

图书如有印装质量问题，可随时向我社出版科调换。

10 个步骤，从咖啡豆到咖啡杯 

生长

咖啡以咖啡樱桃的形式生长在灌木丛里，是阳光、湿度、海拔和丰饶土壤共同作用的产物。大多数咖啡种植园位于赤道附近。大约有 50 个国家生产咖啡，其中产量甚多的是巴西、越南、哥伦比亚、印度尼西亚和埃塞俄比亚。

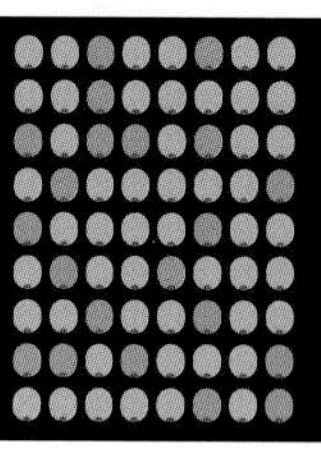
阿拉比卡种

罗布斯塔种

咖啡树中最有名的两种是阿拉比卡种和罗布斯塔种。阿拉比卡豆是最常用的咖啡豆，和风味较为刺激的罗布斯塔豆相比，它有着较为柔和的风味和较低的咖啡因含量。

2 采摘

咖啡树一般在生长 5 年后才会第一次结果。大多数咖啡樱桃是用手工采摘的。有些国家，例如巴西，会使用机器采摘。

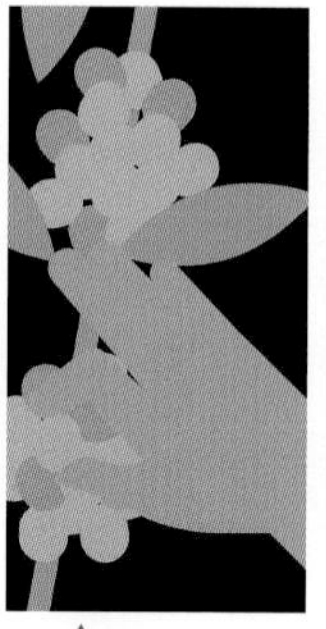

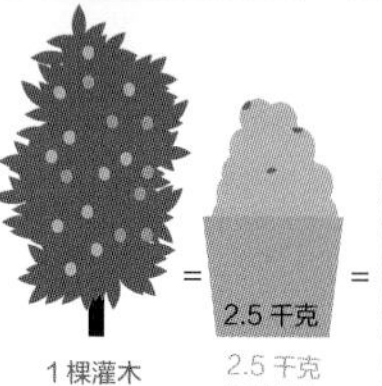

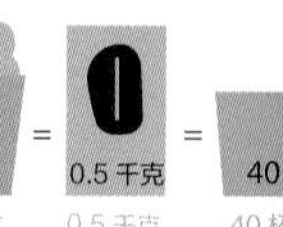

1 棵灌木 = 2.5 千克咖啡樱桃 = 0.5 千克烘焙咖啡 = 40 杯咖啡

理想的情况是只采摘成熟的深红色咖啡樱桃，但多数情况下，成熟的植物上的果实会被全部采摘下来，其中也包括绿色的咖啡樱桃，它们之后会被筛选出去。

世界范围内有 2500 万人，积极地活跃在从咖啡树到咖啡杯的整个咖啡产业链里。

3 加工

每颗咖啡樱桃里会有两粒半圆形的种子，也就是人们所说的咖啡豆。有两种方式把绿色的咖啡豆从果肉里取出来。

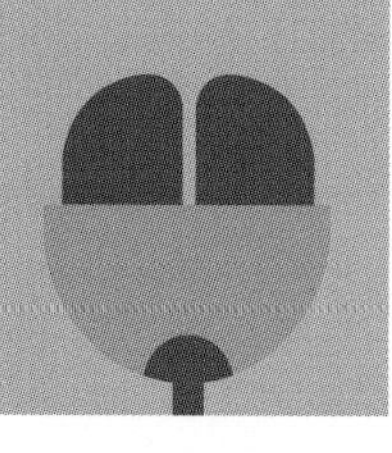

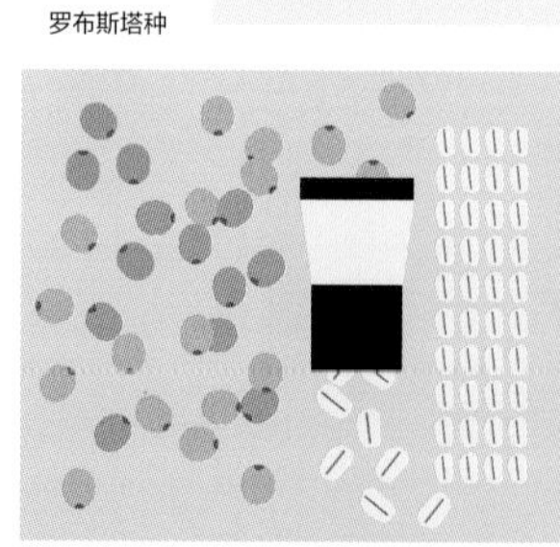

在使用湿处理法或水洗处理法时，咖啡樱桃首先会被浸泡在水里，未成熟的果实会浮起来。之后人们会用网格按压咖啡樱桃，去除果肉，再进行发酵和晾干。

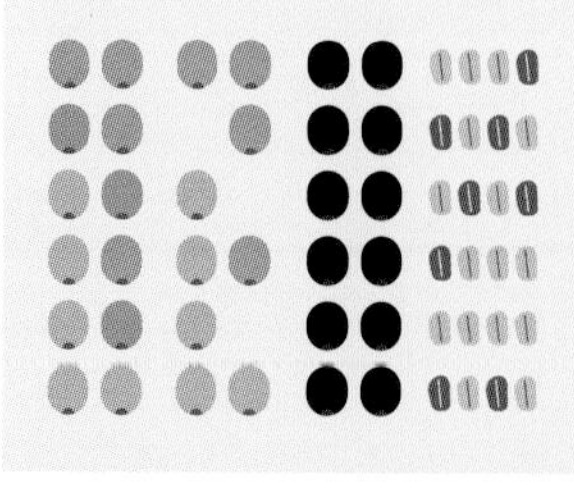

在使用干处理法或日晒处理法时，未经水洗的咖啡樱桃会被放在太阳下晒干，经过 2~4 周，咖啡樱桃的外皮会裂开。这种方式更耗费金钱和人力，但成品会比水洗咖啡更甜。

4 分级

咖啡豆之后会做进一步脱皮，去掉残余的果肉。之后人们会用各种机器，依据品质、产地、强度、颜色和大小对生豆进行分级。干燥的咖啡豆已经可以被送往烘焙厂了。

可能存在的其他步骤：熟化和去咖啡因。

包装

咖啡豆最好被密封包装，并放置在凉爽、黑暗和干燥的集装箱里。

真空包装发明于1931年。

美国、德国、意大利、日本和法国是咖啡购买力非常强的国家。

7

烘焙

烘焙咖啡是专业人士的工作。烘焙的温度和时长决定着烘焙后的咖啡豆的颜色、风味和一致性。比如说，烘焙最深的咖啡豆是用于萃取浓缩咖啡的。金棕色的浅焙咖啡风味较淡，更易消化。

165℃
干燥阶段
咖啡豆变大、变黄

196℃
“肉桂烘焙”
最浅焙的可饮用咖啡豆

210℃
“美式烘焙”
在咖啡豆“一爆”之后

219℃
“都市烘焙”
浅棕色，流行的烘焙方式

225℃
“深度都市烘焙”
风味饱满，苦甜

230℃
“维也纳烘焙”
“二爆”，轻微出油

240℃
“法式烘焙”
焦味，出油

245℃
“意式烘焙”
颜色很深，发亮、出油

研磨

为了获得最佳的风味，最好在萃取前再研磨咖啡豆。咖啡豆可以以手工或机器的方式研磨，研磨度不同也会造成差别。研磨得越细，热水通过咖啡粉的速度就越慢。如果水通过的时间太久，咖啡中的苦味就会过度。如果水通过的时间太短，咖啡中的香气就来不及释放。

萃取

咖啡萃取不仅仅是把热水倒在咖啡粉上。水温、过滤器的类型、萃取持续时间和压力决定着你最终获得的咖啡的风味。

饮用

人们主要在上午8点到12点间饮用咖啡。

目录

前言

咖啡是什么？

这个问题看似简单，但回答起来却比你想象的要复杂。咖啡不是一种新事物，而是我们几代人日常生活中的一部分。近年来，咖啡经历了一场变革。

然而，精品咖啡市场仍旧面临着极大的挑战。它需要被消费者接受，并学习如何饮用。让我简要地介绍一下过去 50 年里所谓的三次咖啡浪潮。

大约 50 年前，咖啡仍是一种普通的日常饮品，鲜少被人关注。它被视为人们每日早上的一杯提神剂，但没人会为了风味体验去喝咖啡。

确实也很难这么做，毕竟当时的咖啡业完全不考虑风味体验，只重视大规模生产。人们常常用所谓的第一次、第二次和第三次咖啡浪潮来阐明咖啡市场的发展。最初的大规模生产市场是第一次浪潮，这个市场上没有多元化，只供应烤得焦黑的混合咖啡。

接下来是第二次浪潮。在这次浪潮中，人们开始了解诸如浓缩咖啡、拿铁等概念。咖啡馆的概念诞生了，咖啡馆的市场化是当时最受关注的，深深地影响了咖啡饮用的方式、时间和地点。人们本质上还想远离纯粹的黑咖啡，因为直到当时——通常也确实如此——人们都还认为纯粹的黑咖啡既不美味，也太苦了。于是人们开始创造各种创意咖啡，其中以添加糖浆、糖块和其他东西的咖啡为主。说到第二次浪潮，星巴克是你可以联想到的最著名的品牌。

第三次浪潮实际上是对第二次浪潮的商业性质的回应，始于 21 世纪初。趋势回归简单化，虽远离过度装饰的咖啡，但更主要的是寻找本质：高品质的咖啡豆，并对种植、加工、烘焙和萃取的方式给予极大的关注。在这个过程中，我们首先学到的是，如果种植、烘焙和萃取方式正确，高品质的咖啡是完全不需要任何添加物的。每一位烘焙师都开始寻找正确的咖啡豆和正确的萃取方式，并开始使用完美精准的烘焙方式。和第二次浪潮相反，人们只想消费和欣赏纯粹的美好之物，不想要任何的添加物。如果你是第一次走进一家精品咖啡馆，并点了店里最好的咖啡，你多半会觉得很可笑。因为店员多半会向你推荐一杯浓缩咖啡或过滤式咖啡，而这些咖啡第一眼看上去非常普通。但在这本书中你会发现，事实并非如此。黑咖啡是最好的咖啡！

咖啡是水果！

和很多行业一样，这次浪潮在美国的发展比在欧洲快得多。在欧洲范围内，主要是英国伦敦和北欧国家发展为第一批精品咖啡市场。比利时和荷兰近几年才开始了这次发展，还有很长的路要走。这也为我们带来了一项挑战，即让今天的消费者了解咖啡。我们中的大多数人是喝用混合咖啡豆制作的过滤式咖啡长大的，这些混合咖啡豆常常是工业烘焙的，几乎总是烤得太深，甚至烤得焦黑。很多人会立刻往里面添加糖或牛奶以减轻苦味。这就导致了普通消费者其实并不知道咖啡天然的味道是怎样的，或者应该是怎样的。此外，喝咖啡是一种习惯，我们对它的依赖远超过其他所有的商品。

所以，从现在开始，从你要喝的下一杯咖啡开始，请记住，咖啡是一种水果。是的，你没有看错，咖啡是水果。我们总是说咖啡豆，但咖啡豆其实是咖啡樱桃最内部的果核，而咖啡樱桃就像其他的有核水果，是生长在灌木丛里的。一旦你可以说服自己，认定咖啡是水果，你就能更快接受梦幻般的咖啡和它们所带来的水果般的风味体验。而这些，今天你在家附近最喜爱的咖啡馆或咖啡烘焙师那里都可以获得。

当然，饮用咖啡也是一种学习的过程，就像饮用葡萄酒和威士忌。你是否还记得第一次吃橄榄时的感受？很少有人能立即欣赏那种风味。如果明天你第一次饮用未经水洗处理的埃塞俄比亚咖啡，很有可能你确实品尝到了全新的东西，却无法马上说出自己是否喜欢它。但至少你知道，这是不同的。一旦你开始品尝这类咖啡，至少有一件事情是你能够确信的：你再也不想回头了！

◇◇◇◇◇◇

我们的
血液中
流淌着
咖啡。

◇◇◇◇◇◇

咖啡种植

/产业链 A到Z

自然环境和人类的处理方式赋予了咖啡独有的特质。完美的共生关系让红色的咖啡樱桃拥有独特的香气与风味。世界上有很多种咖啡，不过在这本书里，我们主要讲的是精品咖啡，也就是顶级咖啡，力求让它们的来源完全透明。最常见的两种用于消费的咖啡是阿拉比卡品种和罗布斯塔品种。因为阿拉比卡咖啡质量更优，对我们而言也更有意义，所以我们在这本书中只对它做重点介绍。

咖啡树

咖啡树是茜草科咖啡属植物，一般在树龄 3 年时第一次开花，2 年后才能首次被采收。未经修剪的咖啡树能长到 10 米高，为了便于采摘，它们往往被剪得最多 3 米高。咖啡树的花会结果，也就是所谓的“咖啡樱桃”，其果实的成熟需要 6 ~ 9 个月时间。每年每个地区只会收获一次咖啡，但受到湿度的影响，咖啡树 1 年里可能会多次开花。这就解释了，为什么同一根枝条上的果实可能会有不同的成熟度，也造成了并非所有的果实都是同时成熟，可以同时被采摘。于是，正确的采摘就尤为重要，这是对我们的挑战。成熟的果实一般是深红色的，坚硬而有光泽。未成熟的果实口感辛辣、发酸。熟过头的果实有腐烂和发酵过度的不良口感。因此，只摘取成熟的果实至关重要。不久之前人们还认为世界上只有 70 多种咖啡，最近则发现，至少存在着 120 种咖啡。这 120 种咖啡里，只有小果咖啡（*Coffea arabica*）[阿拉比卡种（arabica）]和中果咖啡（*Coffea canephora*）[罗布斯塔种（robusta）]被商品化了。此外还有两种咖啡，利比里亚种（liberica）和埃塞尔萨种（excelsa），它们没有被出口的原因很简单，质量不够好。

阿拉比卡种

总的说来，阿拉比卡种是最受欢迎的咖啡豆种，约占有市场份额的 70%。阿拉比卡也是最古老的咖啡树，是来自埃塞俄比亚的原始咖啡豆种，后来被阿拉伯人传播到世界各地。史上第一株咖啡灌木是一棵出现在埃塞俄比亚的阿拉比卡咖啡树。因此，直到今天人们还常常会说来自埃塞俄比亚的“野生”咖啡。这里的“野生”完全是字面含义，指没有被栽种得整整齐齐的灌木丛。阿拉比卡咖啡是我们熟悉的最古老的咖啡种，生长在高海拔地区，比如高原地区，或者海拔 1 000 ~ 2 000 米的火山坡上。那里日间气温适宜，夜晚凉爽，年平均气温 15 ~ 25℃。阿拉比卡咖啡种植不易，种植园的运营需要技巧和持续管控。种植者常常需要在一株阿拉比卡咖啡树旁种上其他的作物或树木，比如香蕉树或可可树，以便给咖啡树提供树荫遮蔽。这些树可以让咖啡树周围的温度尽可能稳定，无论日夜。大约 4 千克咖啡樱桃可以出 1 千克咖啡生豆，它们需要有充足的时间生长成熟，从而获得丰富的口感。种植园的海拔越高，温度就越低，咖啡樱桃成熟所需的时间也就越长。在海拔 1 700 米地区成熟的果实和在海拔 1 000 米地区成熟的果实风味完全不同。阿拉比卡咖啡一般生长在热带地区——主要是中南美洲、东非和东南亚——风味差别很大。正因为阿拉比卡咖啡在风味上有着许多细微的差别，所以它对于新手咖啡烘焙师而言是完美的品种。阿拉比卡咖啡有许多变种，它们彼此杂交，产生了上百个变种，而这些变种的数量时至今日还在不断增加。其他咖啡品种有些已经灭绝了，但我们认为，阿拉比卡咖啡永远不会让我们感到无趣。

罗布斯塔种

罗布斯塔种是一种强健的咖啡品种，约占据了世界 30%的咖啡市场。罗布斯塔咖啡主要生长在西非、中美洲和东南亚。它的咖啡因含量*是阿拉比卡咖啡的 2 倍，也比后者有更强的抗病能力。罗布斯塔咖啡树经受得住热带风暴和极端炎热，不过最适宜其生长的温度是 24 ~ 30℃。大约 2.5 千克咖啡樱桃可以出 1 千克咖啡生豆。罗布斯塔咖啡的口感强烈刺激，相当苦，带有木质调，许多人认为它比较单调。因此它主要被用于混合咖啡中，以简单的方式给予这些混合咖啡足够的强度。传统意式咖啡也常用罗布斯塔咖啡豆。

* 咖啡因与咖啡的浓度无关。一杯咖啡里咖啡因的含量，与水和咖啡粉接触的时间成正比。所以一杯过滤式咖啡的咖啡因含量高于一杯意式浓缩咖啡的咖啡因含量。

利比里亚种和埃塞尔萨种

除了罗布斯塔种和阿拉比卡种，还有 2 种可用的咖啡品种，但它们没有商业和贸易价值。理由是什么呢？主要是因为这两种咖啡口感差，而且咖啡因含量过高。有些人也许会认为：“咖啡因含量高，多棒啊！”但是请相信我们吧，你宁可忽略这些咖啡。由于这些咖啡品种抗病力强，人们在 19 世纪末曾把它们种植到印度尼西亚，以替代感染了咖啡叶锈病的阿拉比卡咖啡树。这些树结出的咖啡樱桃足有阿拉比卡咖啡树的 2 倍大，但咖啡豆的品质却要差很多，所以利比里亚咖啡主要用于本地消费，很少被出口。据说维京人出海时喜欢喝利比里亚咖啡，主要是为了长时间保持清醒。

精品咖啡只能使用阿拉比卡咖啡制作，因为我们认为这种咖啡的质量更好。我们想让人人都能了解绝妙的咖啡，所以总是会使用阿拉比卡咖啡。罗布斯塔咖啡风味比较单一，还带点儿“土味”。对于咖啡烘焙师而言，专注于这种咖啡也比较无趣。阿拉比卡咖啡风味变化多样，由这种咖啡入手会特别有趣。不过这并不是说，阿拉比卡咖啡百分之百拥有顶级质量，因为它们仍有可能生长不佳。

	阿拉比卡种	罗布斯塔种
原产地	埃塞俄比亚	西非和中非
海拔	800～2 200 米的高原	最高 800 米
理想温度	15～24℃	22～30℃
咖啡豆的大小和形状	8～12 毫米 椭圆形，中央线部分呈“S”形	5～8 毫米 圆形，中央线部分为直线
果实成熟期	6～9 个月	9～11 个月
产量： 生产 1 千克生豆所需的 咖啡樱桃数	4～7 千克	2.5～4 千克
风味和咖啡因	比罗布斯塔咖啡少 50%的 咖啡因，风味丰富， 香气各异	比阿拉比卡咖啡多 50%的 咖啡因，风味单一、强烈、 木质调、苦

咖啡樱桃

咖啡树的果实被称为咖啡樱桃或咖啡浆果，因为它们和樱桃有着相似的外形、大小及颜色。坚硬的外壳里是果肉：一种黏糊糊的黄色甜味物质，本身很好吃。这些果肉常被用做咖啡种植园的有机肥，至少在精品咖啡种植时，会使用咖啡果肉作为肥料。真正的咖啡豆就在这些胶质里。一般来说，一粒咖啡樱桃里会有两颗咖啡豆，这两颗咖啡豆平的一面挨在一起，就像一粒花生的两瓣。咖啡豆外围着一层薄薄的半透明膜，即银皮。在烘焙时，这层皮会从咖啡豆上脱落。每颗咖啡豆（和它的银皮）外一般都包裹着一层坚韧的、奶油色的保护壳或果荚——羊皮层（译注：hoornschil，又叫“肉果皮”或“内果皮”）。这层果皮保护着咖啡豆，将它与果肉分隔开，羊皮层需要被晒干至含水量 12%，这样咖啡豆才能得以良好保存。羊皮层不得开裂，这个阶段的咖啡豆被称为“带羊皮层的咖啡豆”。在这种状态下，直到被出口前，咖啡豆都可以得到最好的保存。

有时咖啡樱桃里只有一颗咖啡豆，我们称它为公豆、圆豆或者豌豆豆（peaberry, rondboon of erwtboon）。一棵咖啡树的咖啡豆里最多只有 10%是圆豆。这种豆子没有平面，完全是圆的。它们会被分拣出来，因为所需的烘焙方式不同，毕竟圆豆需要更长的时间才能被烤熟。圆豆的风味也不同，有些人坚称，圆豆比同种类的母豆（双生豆）更香。我们认为，这是因为它们被单独分拣出来，人们处理它们时更加仔细，所以劣质豆也就都被挑出来了。

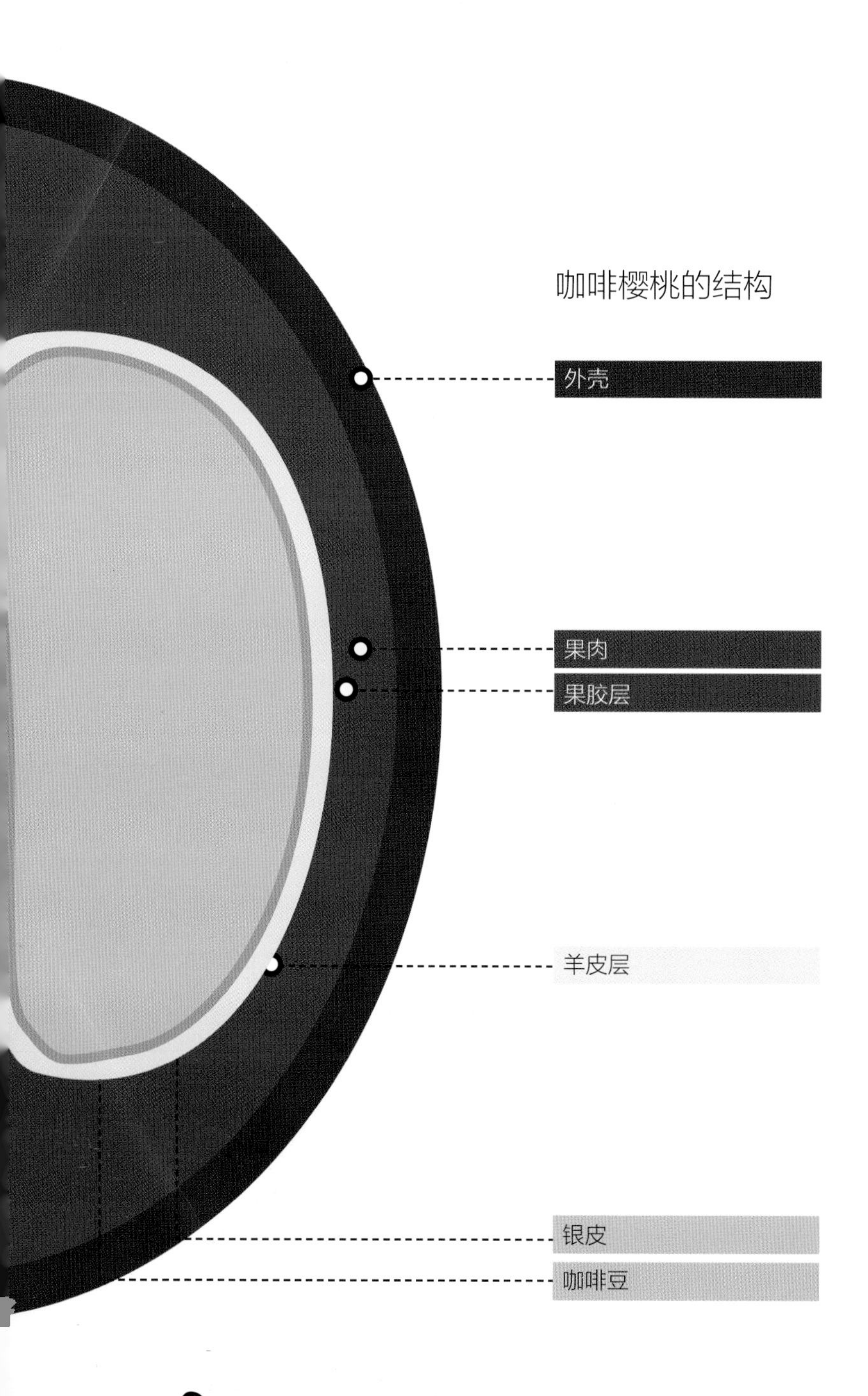
咖啡樱桃的结构
外壳
果肉
果胶层
羊皮层
银皮
咖啡豆

影响因素

土壤

咖啡生长的土壤至关重要，必须特别透水，且富含矿物质。这很像葡萄酒酿造业的“terroir”（译注：法语，意为“风土”“产地”）一词。对这个词最通俗的理解是，你可以从葡萄酒中尝出它的“产地”，咖啡也是如此。有两种土壤可以被用来种植咖啡：火山灰质土壤和红土。前一种土壤主要存在于中美洲，非洲和南美洲多为红土，那里的土地带有典型的红色。两种土壤带给咖啡完全不同的风味。火山灰质土壤让咖啡酸质较低而坚果味较浓，红土则让咖啡酸质较高。两种土壤都需要充分施肥——比如用咖啡果肉——才能生长出顶级质量的咖啡。

海拔

咖啡树生长的海拔——正如我们此前在论及阿拉比卡咖啡和罗布斯塔咖啡时已经写到的那样——对咖啡的风味和香气很关键。离赤道越近温度越高，所以咖啡也需要被种得越高，以获得理想的温度。毕竟温度较低时，咖啡樱桃需要更多时间成熟，而缓慢的成熟过程至关重要。所以在离赤道越近的地方，阿拉比卡咖啡会被种得越高。

阳光

阳光越充足，咖啡樱桃成熟得越快，这会让种植收益更好，但咖啡质量会下降。太阳光温暖着咖啡树，让它获得独特的风味。然而较好的咖啡并不会出现在被日光直射的地方，而是生长在其他植物的阴影里，这是为了延缓成熟期。因此，顶级咖啡很少会被种植在没有荫蔽的阳光暴晒区。

收获期

赤道地区分干湿两季，由于受到这仅有的两个季节及湿度的影响，咖啡树的开花时间会分散于多个月份，因此赤道地区的咖啡树每年可能会多次开花。于是一根树枝上常常会同时存在着花朵和处于不同成熟阶段的果实。围绕着赤道地区，在不同地区同时进行着不同阶段的咖啡樱桃采收，而不是都在某个固定的季节进行。热带气候季节分明，咖啡每年收获两次。果实开花后 8～9 个月成熟。

国际咖啡组织编号

非洲	#	%A	%C	%L	%E	1月	2月	3月	4月	5月	6月	7月	8月	9月	10月	11月	12月
安哥拉	158	2	98														
贝宁	022	2	98														
布隆迪	027	93	7														
喀麦隆	019	10	90														
佛得角	162	100															
中非共和国	020		100														
科摩罗	172	90	5	5													
科特迪瓦	024		98	2													
刚果（金）	004	20	80														
赤道几内亚	167	9	40	50	1												
埃塞俄比亚	010	100															
加蓬	023		100														
加纳	038	2	96	2													
几内亚	092		100														
肯尼亚	037	100															
利比里亚	107		30	70													
马达加斯加	025	8	90		2												
马拉维	109	98	2														
毛里求斯	208	100															
尼日利亚	018	5	80	10	5												
刚果（布）	021		100														
留尼汪岛	171	100															
卢旺达	028	85	15														
圣多美和普林西比	161	85	10	5													
塞拉利昂	032		98	2													
南非	134	98	2														
坦桑尼亚	033	75	25														
多哥	026		100														
乌干达	035	20	80														
赞比亚	149	100															
津巴布韦	039	95	5														

国际咖啡组织编号

美洲	#	%A	%C	%L	%E	1月	2月	3月	4月	5月	6月	7月	8月	9月	10月	11月	12月
阿根廷	050	100															
玻利维亚	001	100															
巴西	002	75	25														
哥伦比亚	003	100															
哥斯达黎加	005	100															
古巴	006	100															
多米尼加共和国	007	100															
厄瓜多尔	008	52	48														
萨尔瓦多	009	100															
瓜德罗普	169	98		2													
危地马拉	011	99	1														
圭亚那	049	10	5	85													
海地	012	100															
夏威夷（美国）	369	100															
洪都拉斯	013	100															
牙买加	100	100															
马提尼克岛	170	97	2	1													
墨西哥	016	99	1														
尼加拉瓜	017	100															
巴拿马	029	99	1														
巴拉圭	122	100															
秘鲁	030	100															
波多黎各	125	98	1		1												
苏里南	139	50	10	40													
特立尼达和多巴哥	034	90	10														
委内瑞拉	036	100															

国际咖啡组织编号

亚洲和大洋洲	#	%A	%C	%L	%E	1月	2月	3月	4月	5月	6月	7月	8月	9月	10月	11月	12月
澳大利亚	051	100															
柬埔寨	082	10	90														
中国	043	70	30														
法属波利尼西亚	174	100															
印度	014	50	50														
印度尼西亚	015	10	90														
也门	146	100															
老挝	105	2	90		8												
马来西亚	110	1	5	94													
尼泊尔	117	100															
新喀里多尼亚	173	15	85														
巴布亚新几内亚	166	97	3														
菲律宾	123	10	75	10	5												
斯里兰卡	083	30	70														
泰国	140	3	96		1												
中国台湾地区	089	90	2	8													
东帝汶	159	90	10														
汤加	243	100															
瓦努阿图	118	90	10														
越南	145	2	95		3												

国际咖啡组织编号

欧洲	#	% A	% C	% L	% E	1月	2月	3月	4月	5月	6月	7月	8月	9月	10月	11月	12月
大加那利岛	063	100															

国际咖啡组织编码　A. 阿拉比卡种　C. 中果咖啡（罗布斯塔种）　L. 利比里亚种　E. 埃塞尔萨种

咖啡采摘

有三种方法收获咖啡，或者说采摘咖啡：手工式、剥离式和机械式。正如前文所述，成熟的咖啡樱桃一般是深红色的，只有这种咖啡樱桃才能确保咖啡的质量。然而令人遗憾的是，它们并非同时成熟，同一根树枝上可能既有成熟的深红色果实，又有未成熟的绿色果实。对于品质均衡的顶级咖啡和质量欠佳的咖啡，种植者会选择不同的采摘方式。

手工式采摘

手工式采摘时，只有成熟的果实会被一颗颗人工采摘下来。人们会在种植园里逐排检查咖啡树，找到深红色的咖啡樱桃。这种方式相当花时间和人力，不过无疑可以带来质量最好的咖啡，当然这也是最贵的采摘方式。一周又一周，人们在整个种植园里来回走动，只为找到成熟的咖啡樱桃。

剥离式采摘

剥离式采摘时，咖啡樱桃也是以人工的方式从树枝上被摘下或剥离。这种方式虽然比手工式采摘要快，但在剥离时，未成熟的果实和树叶会被一起剥离。处于开花期的咖啡花也会因此受伤，不利于下次收获。换言之，剥离式采摘并不区分成熟的果实和未成熟的果实。

机械式采摘

机械式采摘只适用于大面积的种植园，咖啡树之间需要有较宽的通道让机械或拖拉机通过。机械会被置于咖啡树之上，用一种“振动的手指”把咖啡樱桃从树上摇下来，再用网接住。最后成熟的果实和未成熟的果实全部都掉进网里，无法区分。这种采摘方式主要服务的是大规模生产。

咖啡豆加工

人们收获了咖啡樱桃后，需要把咖啡豆从中取出。总的说来有三种方式，不过每种方式都存在着国家和地区的差异。这些方法分别是日晒处理法或称干处理法，水洗处理法或称湿处理法，以及介于日晒处理法和水洗处理法之间的处理法（果肉日晒法、半水洗法、蜜处理法）。为了确保咖啡的质量，咖啡樱桃被采摘下来后，必须在 18 小时内进行加工。白天采摘后，一般会在当晚或当夜开始加工。加工方式对咖啡最终的风味至关重要，但加工方式并无好坏之分。无论是水洗处理法还是日晒处理法，都会给咖啡带来完全不同的风味谱系。种植者常常会使用不同的加工方法以赋予咖啡别样的风味。加工后——无论以何种方式——的咖啡豆都需要干燥处理，因为它的含水量需要低于 12%才能被运输。

日晒处理法

这种加工方法起源于埃塞俄比亚，由于那里水资源短缺，所以人们找到了一种水洗处理法的替代方法。日晒处理法是指用日晒的方式晒干咖啡樱桃。在大型干燥桌上铺上透水的布，然后铺上一层咖啡樱桃，放置最多 25 天让它们干燥，具体时间依地点和天气情况而定。咖啡樱桃每天要被翻动多次，以防变质（发霉）。这种加工方式让咖啡豆的每一面都接受同等时常的日照。刚采摘的咖啡樱桃含水量为 60% ~ 65%，经过加工需降到 11% ~ 12%。干燥后的咖啡樱桃呈深紫色。不言而喻，这种干燥过程仅适用于湿度低和不下雨的地区，因此主要是埃塞俄比亚等极其干燥的地区会使用这种加工方式。日晒处理法让咖啡富有水果风味，甜度较高，口味饱满。在日晒过程中，咖啡樱桃中带有甜味的果胶层会渗入咖啡豆，为咖啡带来独特的甜味。请注意，这种独特的风味只有通过严格管控的加工过程方可获得。人们常错误地认为用日晒处理法加工的咖啡质量欠佳，那是因为种植者在某些情况下，会对他们质量最差的咖啡豆使用这种加工方法。他们不对这些咖啡豆的干燥投入时间和精力，也对它们疏于照料。这些咖啡豆没有被及时翻动，而滋生了霉菌和其他有害物质。因此，只要对咖啡豆悉心照料，这种加工方式一样可以生产出完美的咖啡。

水洗处理法

这种加工方法会用水洗咖啡豆，直至所有的果肉都被去除。这个过程越快越好，最长不得晚于采摘后 12 个小时。人们首先会让咖啡豆以干燥状态发酵，但时间不可过长，否则会过度发酵，从而产生诸如腐烂水果味、酒味甚至醋味之类的味道。之后咖啡豆会被倒入一条水道，水位刚好没过所有的咖啡豆。较轻的豆子会浮起，较重的则会沉底，这是一种很便捷的筛选方式，毕竟较轻的豆子都是未成熟的，质量较差，沉底的较重的豆子则是饱满成熟的，质量较好。接着人们会用一个木质的托盘拦在水道的底部，浮在木托盘上方的咖啡豆被称为“浮子”（floaters），会被倒进一个专门的水槽里。留在水道底部的咖啡豆被称为“坠子”（sinkers），质量更好，会被倒进另一个水槽里。人们常常会对机械采摘的咖啡樱桃使用这种水洗处理法，以区分质量较好和质量较差的咖啡豆。之后咖啡豆会再次被干燥，或者在庭院里进行晾晒，或者放进干燥机，因为它们的含水量需被降至 12%以下。完全水洗的咖啡有着干净纯粹的风味，咖啡的醇厚度是损失了一些，不过取而代之的是更加新鲜和活泼的咖啡。

果肉日晒法

果肉日晒法、半水洗法、蜜处理法结合了干处理法和湿处理法。由此可见，果肉日晒法其实是上述两种加工方法的结合。人们用去果肉机去除咖啡樱桃的外壳，只保留被外围甜甜的果肉包裹着的咖啡豆，以及其好喝的风味，因为外壳较苦。之后咖啡豆被放在庭院里或桌子上晾晒。这种方法既保留了日晒处理法的甜度，又保留了水洗处理法均衡而新鲜的风味。

厌氧发酵处理法

厌氧发酵处理法是一种很有趣的新方法，是一种特殊的发酵方法。咖啡樱桃去皮后不加水洗，与其他带有不同特点的咖啡（其他品种、海拔、地区……）的果胶一起被放进可封闭的水箱里。之后水箱会被密封，开始发酵。发酵过程结束后，人们从果肉水中取出咖啡豆，不加清洗，直接放在桌上晒干。这种方式所依据的理念是：咖啡是水果。人们试图让咖啡豆吸收果肉的多汁和水果风味。影响这种加工方式的参数包括：甜度、持续时间、水箱的材质和水箱里的压力。

咖啡生产国

总体而言，赤道附近有 70 多个国家在种植咖啡树，种植区的范围从全球范围来看是在北纬 25 度到南纬 30 度之间，这个区域也被称为“咖啡带”，因为赤道附近温和的气候是最适合咖啡生长的，恒定的温度、不是太多的阳光和相当多的降水共同决定着咖啡的生长。咖啡就像葡萄酒，是一种真正的自然产物，人们通过掌握的专业知识可以对这种产物的质量施加巨大的影响。种植园的位置、咖啡种植的海拔、天气和人类的照料都影响着所收获的咖啡豆的风味。

南美洲

南美洲凭借巴西和哥伦比亚——两者分别是世界第一和世界第三——成为世界上最大的咖啡生产地区。巴西主要种植阿拉比卡咖啡，不过也种植罗布斯塔咖啡，后者主要供国内饮用。巴西供应各种种类和质量的咖啡：从便宜的量产咖啡到精品咖啡。这里出产的优质阿拉比卡咖啡柔和、饱满，带有杏仁和坚果风味，还常常能尝出黑巧克力的风味，这种咖啡可能比较甜。哥伦比亚的咖啡种植园位于安第斯山脉山麓，那里气候潮湿、温暖，有两个干季和两个湿季。和巴西一样，哥伦比亚主要出产散装咖啡，当然仔细寻找也能找到真正的遗珠。哥伦比亚咖啡一般品质均衡，风味可以被描述为纯粹、均衡和带有水果风味。人们越来越多地运用水洗处理法来获得这种优雅的咖啡。

（上）巴西

（下）哥伦比亚

中美洲

中美洲拥有重要的咖啡文化，咖啡生产国包括危地马拉、墨西哥、哥斯达黎加、萨尔瓦多……危地马拉有 300 种微型气候，所以你几乎不可能定义各种不同类型的咖啡。尽管差异巨大，但有一点却明显一致：98%的危地马拉咖啡在种植时都有荫蔽——种在其他植物的树荫下。危地马拉可以被视为咖啡爱好者的天堂：高质量的同时又富有多样性。墨西哥出产的咖啡常被用作混合咖啡的基础，因为它醇厚度和酸质都不高。墨西哥主要致力公平贸易和有机咖啡，精品咖啡在那里并不常见。哥斯达黎加的咖啡，特别是那些大型种植园的咖啡，并无特别之处，但正因如此，其质量也不差，请允许我们为它们带上“平庸”的标签。就精品咖啡而言，哥斯达黎加咖啡展现了其最好的一面，即具有广泛的混合风味。这种咖啡的特点是拥有均衡、甜美的水果风味。萨尔瓦多自然条件优越，种植咖啡历史悠久，咖啡深深根植于萨尔瓦多的文化之中，当地人世世代代在咖啡种植园里工作。萨尔瓦多咖啡一般较甜，酸质温和，通常有更高的醇厚度。

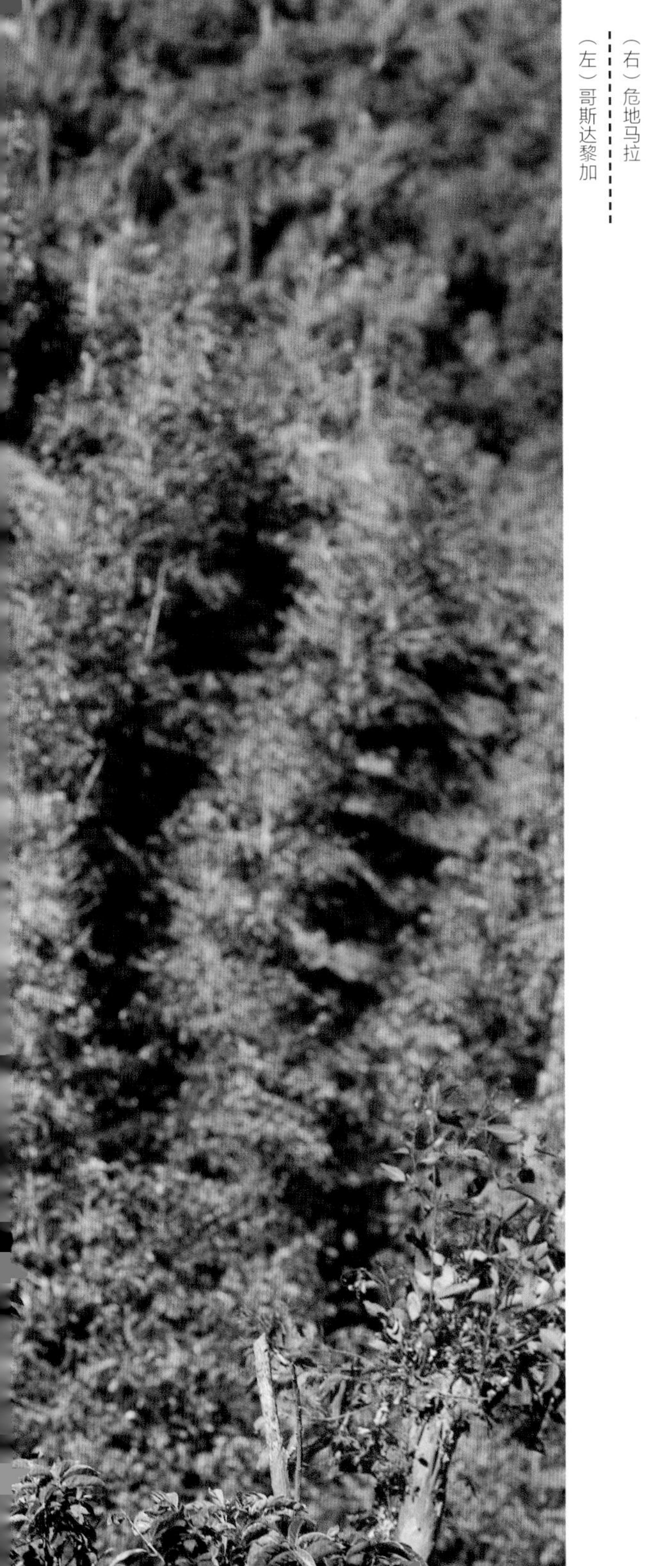

（右）危地马拉

（左）哥斯达黎加

非洲

毫无疑问，大部分人最喜爱的咖啡产于非洲。作为阿拉比卡咖啡的发源地，埃塞俄比亚现在仍旧是高质量咖啡重要的生产国之一。朝圣者和咖啡商人将咖啡从埃塞俄比亚带往世界各地，“咖啡”这个词可能来自咖啡生产区卡法（Kaffa）。对于精品咖啡而言，埃塞俄比亚就像是一个藏宝库，装满了各种咖啡品种。埃塞俄比亚全国都有野生的咖啡树，一些变种尚未被发现。这里主要使用的是传统的咖啡加工方式，咖啡豆普遍带有水果风味，还可能带有花香，不过地区差异很大。非洲其他的咖啡生产国主要有肯尼亚、卢旺达、布隆迪和刚果。在精品咖啡领域，卢旺达可谓是冉冉升起的新星。这个“千山之国”的海拔和土壤成分多变，其咖啡品种也非常复杂，可以带给咖啡烘焙师真正的满足。

亚洲

亚洲生产的咖啡风味饱满、酸质低、厚重、带有坚果风味，有时带有烟草香。印度尼西亚和印度是本地区两大重要的咖啡生产国。印度尼西亚群岛有 17 500 多个岛屿，地区的多元化反映在他们所生产的各种咖啡中。苏门答腊、爪哇、巴厘、弗洛雷斯、伊里安查亚和苏拉威西是十分著名的咖啡产地。这里生产的咖啡中，罗布斯塔咖啡占比最高。不过近年来，亚洲生产的阿拉比卡咖啡越来越多。这里生产的阿拉比卡咖啡豆由于加工方式不同，风味也有所不同。在咖啡生产国中，还有一个不太被关注的咖啡生产大国——越南，该国的咖啡产量在最近几年实现了巨大的飞跃。如今越南是世界排名第二的咖啡生产大国，不过其中阿拉比卡咖啡仍然很少，95%是罗布斯塔咖啡。

咖啡
烘焙

制作一杯好咖啡的第一步是购买优质的咖啡豆。那么接下来重要的一步是，咖啡烘焙师运用专业知识对选购的咖啡豆进行技术处理，让这杯咖啡有别于传统咖啡。寻找优质咖啡豆需要耗费大量的时间，而且与经验、信息资源和经济条件密切相关。在繁荣的咖啡市场中，存在着直接贸易和间接贸易两种形式。

如果咖啡烘焙师采取直接贸易，人们一般会用集装箱运输咖啡豆。对于小公司而言，每种咖啡豆都买一集装箱肯定是不可行的。和贸易商合作是一种解决方法，这样就可以不必买上一整箱，而是只买几包。很多咖啡烘焙师会同时采取这两种贸易形式：既进行直接贸易，也进行间接贸易。一种有创意的做法也随之产生：比如请贸易商帮忙运输。贸易商在全球做生意，所以他们也可以帮忙运输咖啡豆。

直接贸易与间接贸易

间接贸易

间接贸易是指通过贸易商（中间商）购买咖啡豆。这些贸易商在各个国家都有代理商，可以确保所需咖啡豆的供应。通过贸易商购买咖啡豆，也意味着以固定的价格购买优质咖啡豆，价格不会上涨，也不会降低。贸易商不会受咖啡背后的因素影响，毕竟他所掌握的有关种植的信息是有限的。在船运过程中，也有不少影响咖啡豆品质的因素。在间接贸易中，完全追溯咖啡豆的情况是很难的。想成为高级咖啡烘焙师，就必须准确了解咖啡豆的来源。这就需要我们进行直接贸易。

直接贸易

选择直接贸易的咖啡烘焙师，非常重视咖啡豆的来源。他就像是星级餐厅里的主厨，需要了解所用食材的来历。如果缺乏完整的可追溯性和对细节的关注，制作均衡和高品质的精品咖啡就无从谈起。精品咖啡豆都出现在农民精心照料的种植园里。直接贸易是种植者和咖啡烘焙师之间直接的联系，以双方对彼此的信任和尊重为基础。成功的直接贸易无法一蹴而就，需要时间、金钱和对产品深深的爱。同时，当地的农民也需要拥有一种不同于传统种植的经营思维。在每个咖啡生产国里，都只有少量的种植者选择或敢于选择“利基咖啡”（译注：高度专业化的咖啡，niche coffee）。

直接公平贸易

直接公平贸易除了是一种重要且不断增长的贸易模式，也成为一种市场营销工具，遗憾的是，它常常被滥用。因此，在此需要对其做出一些说明。

究竟什么是直接公平贸易？这个问题回答起来并不容易。如果向十个人提出这个问题，你可能会得到十个不同的答案，因为不同的咖啡烘焙师对此可能会有不同的解释，国际上也存在着多种直接贸易模式。

对于直接公平贸易而言，居于首位的是在尊重当地生活条件的前提下，从特定地区采购尽可能好的咖啡，并给予农民体面的收入。

我们是如何开始直接公平贸易的？其实在 OR 咖啡烘焙（OR Coffee Roasters，作者的公司），直接公平贸易这种模式是“有机”地成长起来的，起初并没有固定的目标。我们的咖啡烘焙厂当时已经开了一段时间，但我们仍感到有必要更好地了解产品。那个时候，我们仍然像如今比利时绝大多数咖啡烘焙师那样，通过贸易商，或者说中间商购买咖啡豆。

除此之外，在比利时的优势是，我们有安特卫普港这个咖啡贸易的重要国际港口。所以原则上说，我们无须出国就能购买咖啡。但我们买到的咖啡的质量仍然很不稳定，而且我们对原产地的了解非常有限，不清楚种植方式、背景、环境、生活环境和农民的报酬……而且在 2007 年时我们也缺乏相关的知识。

我们最初前往巴西和尼加拉瓜的几次旅行是为了了解流程和获取知识……和许多其他的咖啡专家一样，第一次直面咖啡种植园的工作，对我们而言也是一堂课，教会了我们谦卑。我们意识到，围绕着咖啡还有许多工作可做，远远多于我们作为消费者所能做到的。同时我们也看到了咖啡豆在被做成咖啡饮用前所经历的完整流程。传统的咖啡贸易——每个国家略有不同——要经过几个甚至很多个中间商，不仅有失透明度，也让每个中间商都分了一杯羹。消费者最终为咖啡所付的钱，不再取决于咖啡豆的质量，而取决于中间商的数量。

此外我们也发现，我们获得的生豆品质差异很大，甚至同一个地区或同一位农民生产的生豆品质也不同。渐渐地，我们也开始采取直接贸易。为什么？在开始说优点和我们采取直接贸易的动机前，我们想先说缺点。总的来说，直接贸易花钱、花精力、花时间。如果你的动机是赚更多的钱，那你最好永远别开始直接贸易。

不过……这仍然是我们做过的最棒的决定。我们今天所掌握的知识，是无法从书本或网络上获得的，就像你无法在读完一本有关咖啡的书后就成为咖啡师。

价值观

如果你计划把自己的小店发展为一家咖啡公司，让你的公司符合你个人的价值观和标准就很重要。简单来说，咖啡豆不是种植在工厂里的，而是种植在家庭经营的种植园里，在地球的另一端。这样做的优势之一是你可以与咖啡农建立起直接的联系和友谊。作为咖啡烘焙师，你付出的钱会全部交给咖啡农，对于双方而言是双赢的局面。

品质

作为咖啡烘焙师，你可能手艺出众，但你依旧受限于手中生豆的品质。自从我们开始前往咖啡原产国旅行，直面咖啡农，越来越多地接触直接参与咖啡生产流程的人群后，我们发现，在咖啡品质层面还有很多待开发的领域。当然，对于咖啡农而言，只有当他们确定有顾客愿意为品质买单时，才会对这些感兴趣。所以我们决定投入这项工作，和咖啡农更加紧密地合作，以改善整个流程。我们的终极目标是让咖啡品质更加稳定和优秀。

知识

正如我们所说的，直接贸易让我们学到了大量的知识，关于种植、加工、品种……而且，我们可以在别的国家或与别的咖啡农一起分享这些知识，在分享中也会碰撞出新的观点。刚果咖啡农和哥斯达黎加咖啡农之间就有着天壤之别，不仅体现在设备上，还体现在知识、意识，对生产流程的见解，以及关于某些方式对口味的影响方面的知识。而这些咖啡农，都对其他地区同行的方法和经验有着浓厚的兴趣。旅行咖啡专家和咖啡烘焙师对大量的知识和经验的传播起到了积极的作用。所以我们认为，将咖啡师带去种植园是很重要的，不仅是他们能够学到很多种植知识，咖啡农也可以从他们身上学到很多知识。

SF

网络

顾客们经常会问我是如何开始这种直接贸易的。人们常常会以为，我们就像半个探险家那样周游世界。事实并非如此，我们通常是从网络开始的。我们试着在每一季和一个新的咖啡种植园建立直接联系。这种工作方式主要取决于国家或地区的不同。中美洲的咖啡农一般都有设施良好的企业，而刚果主要还是以家庭经营为主。后者通常还没有意识到他们产品的品质。

直接贸易的咖啡豆不仅是完全可以追溯的，咖啡烘焙师也能控制和了解咖啡豆完整的来历。一位优秀的咖啡烘焙师会在每个收获季后——在拜访过种植园后——从一位或多位种植者那里获得其所收获的咖啡豆样品，用于杯测或品尝。毕竟并非每次的收获情况都是一样的，而咖啡烘焙师必须随时确保咖啡豆的品质符合预期。此外，采摘方式（参见“咖啡种植”）必须正确，和种植者的互动也必须感觉良好，足以建立长期的关系。直接贸易不仅对咖啡烘焙师有利，种植者也可以从与购买者的合作中受益。这样咖啡烘焙师就掌握了许多不同的种植者的信息。毕竟咖啡豆来自世界各地，每个地方的工作方式也不同。咖啡烘焙师的反馈意见对于咖啡农而言是非常重要的，不仅是有关新兴趋势的意见，也包括对咖啡加工方式的建议。

/OR-
刚果项目

如果世界上有一个地方，拥有理想的气候、理想的土壤和完美的海拔，那一定是刚果（金）东部地区。刚果（金）给我的最初印象非常深刻。尽管我当时已经去了非洲和亚洲的不少地方，但这个地区仍然深深地吸引了我，让我觉得既梦幻又凄美。我们一直以来坚持对卓越咖啡、长期合作和经营乐趣的追求。当我们第二次来到刚果（金）时，我们决定在这里要有所作为。这里一切具备，只欠资金。于是，OR-刚果项目应运而生，而且目前我们仍在进行着这个项目。

这是如何产生的?

长期以来，我们一直在寻找一种方式，能够更加贴近咖啡的根源。我们觉得，如果我们多去产地，就能获得更多的知识，否则我们很快就会受到限制，特别是经济条件的限制。OR 是一家中小企业，无法随意投资，更何况，每笔投资必须以某种方式得到回报，至少不能亏本。

功夫不负有心人，终于有一天，答案出现了。我们偶然结识了列奥波德，他是刚果（金）人，负责刚果（金）东部的一些水洗站（washing stations），受到了比利时非政府组织“和平岛屿”的资助。

起初他只是如常地为生豆寻找买家。我们对咖啡豆的样品进行了烘焙和杯测，认为这些豆子确实有潜质，但同时也发现了它们的品质不够稳定，这是采摘和加工过程不断变化和缺乏系统的后果。此外，他也面临着预算不足的问题，这是恶性循环的结果。因为豆子品质欠佳，他每年得到的钱越来越少，所以无法进行人员培训和改善设备。

另一方面，我们则深信，这些咖啡豆拥有巨大的潜力，只要它们能得到正确的对待。于是我们便开始合作。这类项目常见的瓶颈之一是，咖啡采摘者，也就是咖啡农本身并不喝咖啡，即使喝也只喝品质较差的咖啡，最好的咖啡是留待出售的。如此一来，他们对于自家咖啡豆品质的好坏没有概念，这让他们非常痛苦。我们的合作是建立在全面的知识和信息交流之上的。我们想在那里学习更多的咖啡种植知识和参与到咖啡种植实践中，他们则希望从下一步起，从我们这里学习到一切。

第一步，也是最基本的一步，是样品烘焙。在此期间，当地已经有了一台样品烘焙机，可以对咖啡豆分批进行分拣和烘焙。以此为基础，我们可以对咖啡进行评估。列奥波德也来到比利时，在我们的烘焙厂实习，并得以沉浸在咖啡世界的另外一半中，即咖啡消费者的世界。理想的合作，首先需要我们使用同一种语言，同一种咖啡语言。我们乐在其中，他们也是如此。

双赢

我们对咖啡农的承诺是，稳定的采购量和传授我们所知晓的咖啡知识。他们对我们的承诺是，我们可以在他们的农场自由地组织和实践咖啡的种植。

所以，这是双赢。我们付出的价格比他们目前的收益高出许多倍，而且我们一起努力，让咖啡豆达到我们期待的高品质。

此外，对于他们而言，除了稳定的采购量和高收益，还有一个加分点。我们一起选定的实验用水洗站，是当地接受“和平岛屿”组织资助的 46 家水洗站之一，目的是让这个项目成为另外 45 家的示范。通过这种方式，我们可以鼓励和引导其他的咖啡农，采用更好的加工方式，换取更高也更有保障的收入。

列奥波德·蒙贝利
“和平岛屿”组织在刚果咖啡项目联络人

列奥波德，可以和我们说说你的故事吗？

列奥波德：我出生在刚果（金）北基伍卢贝罗村的一个咖啡农家族。我父母和祖父母都曾种植阿拉比卡种，家族中的另外一些人则主要种植罗布斯塔种。所以我是在咖啡树下长大的，我对咖啡的兴趣和热情也因此而来。这也促成了我与“和平岛屿”组织合作，在刚果（金）做他们咖啡项目的联络人。

咖啡对你意味着什么？

列奥波德：对我来说，咖啡一方面是帮助许多小农摆脱贫困的手段；另一方面咖啡也是一种链接，把我们这些农民和世界上几百万天天消费我们咖啡豆的人们连接在一起。

刚果（金）咖啡的特点是什么？

列奥波德：刚果（金）东部确实拥有一切种植精品咖啡的条件：非常肥沃的土壤，以及适宜的阳光、气候、海拔……这些也赋予了我们的咖啡非常特殊的品质，特点包括活泼的酸质、复杂的口味、辣味……此外，95%的刚果咖啡是由独立的小农生产的，这也是非常特殊的。我们这里没有中美洲或南美洲那种大型种植园。

你们和 OR 咖啡烘焙开始了直接合作。可以介绍一下这次合作吗？这对于合作社的农民有什么意义？

列奥波德：感谢“和平岛屿”组织的合作和支持，卡瓦卡布亚（Kawa Kabuya）合作社与OR 咖啡烘焙开始了合作。这次合作是基于以下三点：信任、公平的价格和可持续性。这对我们而言是巨大的进步。长期以来，咖啡农一直梦想着能和咖啡烘焙师进行直接联系与合作。目前为止我们都是通过中间商来进行交易，交流和透明性都无从谈起。然而对我们而言，最重要的是获得更高的价格。通过直接贸易这种方式，我们不必给效率低下的中间商支付费用，而是直接从咖啡烘焙师那里获得收益。这种直接贸易的模式也有助于开发共同的“咖啡语言”。我们交流信息和经验，以便改善加工流程，提高咖啡的品质。同时，这个初步的合作也是一个成功的范例，可以为本地区的其他人提供参考，并大规模地推广这种模式。

这次合作解决的另一个问题是预付金。咖啡农把采摘下的咖啡樱桃卖给水洗站，水洗站会在当天把钱付给农民，而距离这些收获的咖啡樱桃被加工好，可以装船运给世界另一端的咖啡烘焙师，还有几个月的时间。这意味着水洗站的资金必须充足，而这显然并不容易。借款是一种解决方法，但在刚果（金）这类借款

的利息在24%～36%之间——显然无法承受。未来OR将在这段时间内为我们提供预付金，这对我们而言是极大的帮助。

而对OR来说，这是一次很有意义的实践课。他们可以了解种植过程，真正做到"脚踏实地"。

你觉得和咖啡烘焙师合作的最好方式是什么？

列奥波德：直接贸易，毫无疑问。这对我们而言，是能够长期活跃于精品咖啡的利基市场的理想方式。

你在工作方式上还有什么想改进的地方吗？

列奥波德：我们很希望能够促进咖啡农了解咖啡文化，具体来说就是教会他们饮用、品尝和评价咖啡。咖啡农很了解咖啡树、咖啡浆果、咖啡种植……但本身很少或几乎不喝咖啡。这无疑是个问题，因为很难，或者几乎不可能和不喝自己产品的人讨论口味方面的技术问题。而且这些知识也可以加强咖啡农在谈判中的能力。我们希望他们完全能够自行评判每批咖啡豆的品质，按照品质对咖啡豆进行分级，并为它们定上合理的价格。有了这些知识，他们就能进行谈判，而不必那么依赖于潜在买家的好心。

你们的咖啡是100%有机的，却没有有机标志，为什么呢？

列奥波德：没错，我们确实是以完全有机的方式种植咖啡。我们至今仍没有有机标志的原因是认证费用过于高昂。不过我们现在最关心的问题是提高品质并保证品质的稳定，因为这是提高价格的前提。其次是努力增加精品咖啡的数量，以便我们能以较高的价格销售更多的咖啡，以这种方式更轻松地支付研发费用，并提高利润。

可以给我们介绍一下，你们是如何分配咖啡烘焙师支付的费用的吗？这些钱会给谁？

列奥波德：目前这些钱是这样分配的：64%给咖啡农，10%给水洗站——也就是对咖啡豆做进一步分销的地方——的所有者，4%用于支付咖啡豆从水洗站运往干磨机的运费，在那里咖啡豆会被分类，这笔费用占到了3%。此外还有出口费用，大约占6%，合作社管理费约5%，利息约5%，以及占售价3%的利润税。

杯测

杯测，或者说品尝咖啡，是咖啡烘焙师必须具备的技能。你既可以把它看成是一门艺术，也可以把它看成是一门科学。不过，有一件事是肯定的，杯测是咖啡烘焙师的“核心”，是做采购决定前必须要完成的工作。此外，杯测也会带来新的视角。咖啡烘焙师通过杯测评判和选择咖啡，杯测也为咖啡烘焙师打开了新世界。咖啡烘焙师不仅要对新品种的咖啡进行杯测，也要通过杯测确保已知咖啡的品质。咖啡杯测非常像品酒，包括啜吸和“吐酒”……

当然，杯测也需要一些实践和经验，不过这也让咖啡烘焙师能够为每种咖啡豆提供质量保证。优秀的咖啡烘焙师在每次购买咖啡豆前都会先做杯测。样品烘焙机是杯测咖啡的第一步，它可以用来烘焙 100 克左右的咖啡样品。烘焙后的咖啡豆会被放入不带标签、只标数字的小罐中，以保证杯测的客观性。人们通常是在上午杯测，当然，不会在刚刚刷完牙后，也不会在喷上香水后。杯测也总在光线明亮的地方进行，这样人们就能够看清咖啡的颜色。一切会影响咖啡香气和风味的因素都会被尽量排除。杯测时人们不会交谈，因为安静能帮助杯测师集中注意力，尽可能地发掘咖啡的特点，全情投入于咖啡中，心无外物。在杯测时，重要的是反复——几乎是强迫症式地重复同样的动作，用统一的方式品尝咖啡。

怎么做?

1. 看

首先看咖啡的烘焙情况。颜色从较浅到较深不等。

2. 闻

为了感受咖啡的香气，咖啡烘焙师会分两次嗅闻咖啡（11 克）。这里的嗅闻即字面意义上的嗅闻。

3. 加水，破渣

咖啡烘焙师向磨碎的咖啡粉里倒入 200 毫升热水，咖啡渣会浮起，2 分钟后可以重新闻到咖啡的香气。再过 2 分钟，用杯测勺破渣。所谓破渣，就是推开表面的咖啡浮渣，用杯测勺的背面在咖啡杯里从前往后三次推开咖啡渣。杯测勺都是镀银的，因为银可以快速降温。过烫的温度会影响咖啡的风味，因为味蕾会麻木。破渣后再次嗅闻咖啡，此时香气的变化与咖啡的品种和产地有关。香气的浓度则与杯测距离烘焙的时长有关。烘焙后的时间越短，香气越浓。破渣后，咖啡烘焙师会把表面的咖啡渣捞走，这样等会儿杯测的时候就不会喝到渣子了。

4. 以各种温度杯测咖啡

真正的杯测会以 3 种温度进行，分别是 71℃、57℃和 37℃。每种温度下都可以检测出不同的内容，透露出咖啡一些不同的信息。通过让咖啡冷却，在不同温度时品尝它，咖啡烘焙师可以确定咖啡的品质，勾绘出它的“全貌”。优质的咖啡会保持它的特性和谐，直到冷却，其风味都是稳定的。在杯测时，人们会评判它不同的特点，而这些特点会在不同的温度中展现。

71℃

风味：不同风味的结合（酸、苦和甜），以及风味和香气的结合。应尽可能用咖啡覆盖舌头和上颚，以获得最佳的品鉴结果。

回味：饮用后，咖啡在嘴里留下的回味或味道。正面的香气（positive flavour）可以在嘴里保持多久?

57℃

酸质：咖啡的活泼之处或闪光点。正面的酸质会被形容为闪闪发光的、活泼的、清新的，负面的酸质会被形容为发酸。酸质不可居主导地位或过多，以免让咖啡的风味变差。

醇厚度：醇厚度与咖啡的风味无关，只与口感有关。你也可以把醇厚度理解为上颚感受到的黏度或厚度。想象一下水和全脂牛奶不同的口感。典型的醇厚度高的咖啡有苏门答腊咖啡和印度咖啡，醇厚度低的咖啡则以墨西哥咖啡为例。

平衡：正如字面意思所表示的那样，这个词指的是咖啡的平衡性或均衡性。杯测师在这一点上评估的是香气、回味、酸质和醇厚度之间的平衡性。

37℃

一致性：每种咖啡至少会进行三次杯测，不仅要双重检测，更要三重检测。通过这种方式，可以避免这种咖啡因为一粒坏豆偶然形成的一杯不好的咖啡而遭受不公平的评价。而通过三次杯测，我们可以判断，每次杯测所体现的品质仅代表这种咖啡品质的三分之一。当三杯咖啡的品质相同时，我们才会说这是一种一致的咖啡。

干净度：咖啡的纯净性、准确性和清晰度。

甜度：咖啡的甜度。这种风味与所采摘的咖啡樱桃的成熟度直接相关。真正的杯测，需要用杯测勺啜吸一些咖啡。在啜吸时，咖啡会与氧气接触，并立即覆盖整条舌头，所有的味蕾会一下子感受到甜、咸、酸和苦。咖啡在嘴里停留 3 秒后，可以被吐掉。啜吸咖啡也需要练习一下，虽然我们从前都被禁止在餐桌上啜吸食物，但此刻你可以这么做了。

5. 回味

这是指咖啡被饮下后留下的风味。它提供了所品尝咖啡的“全貌”。

◇◇◇◇◇◇

生命不能没有水，因为制作咖啡需要水。

◇◇◇◇◇◇

杯测需要学习

杯测是你经常要做的事情，也是你需要学习的事情。本书附录有一张杯测表的范例。一开始很难记住某些香气，你可以背诵香气表。让·勒努瓦（Jean Lenoir）的“咖啡鼻子”（“36味咖啡闻香瓶”）会是你的好帮手。这是一个香气套盒，包括36种咖啡里可以闻到的香气，可以帮助咖啡烘焙师以正确的方式分析咖啡。换言之，如果记不住某种香气，可以用“咖啡鼻子”辅助。定义咖啡的风味又完全是另一回事了，需要大量的练习、品尝、交流经验和比较。通过大量杯测，咖啡烘焙师可以了解不同的风味。另一件辅助工具是关于咖啡的“风味轮”（见本书附录），它可以帮助我们技术性地描述咖啡的风味。在这个风味轮中，人们努力定义了所有可感知的风味，并进行了分组。

/烘焙

杯测后，如果烘焙师决定购买咖啡豆，接下来就是烘焙。咖啡豆的特性只有在烘焙过程中才能真正发挥出来。我们也不必说，这个过程是纯手艺活儿。烘焙师可以提升咖啡豆的品质，也可以降低它的品质。当然样品烘焙和生产性烘焙的区别很大。咖啡烘焙师永远不可能在这两种烘焙后得到同样的结果。首先所用烘焙机不同，其次烘焙时的咖啡豆数量不同——样品烘焙时只有 100 克。所以，第一次烘焙一种新的咖啡豆，有可能会给烘焙师带来惊喜。换言之，寻找合适的烘焙流程无法一蹴而就，常常需要经验和技术的指导。你无法在一天内成为星级厨师，优秀的咖啡烘焙师也一样。此外，每次烘焙都是不同的。夏季和冬季的环境温度不同，湿度也在变化……非工业性质的烘焙一般需要 9 ~ 14 分钟。取决于烘焙机的类型和容量，咖啡烘焙师可以连续进行多次烘焙。随着时间的推移，烘焙机会越来越热，这是很合理的，同样影响着烘焙流程。咖啡烘焙师必须始终考虑到烘焙机的温度，以得到理想的结果。他会在每天先烘焙最脆弱的咖啡豆，因为“烘焙日”开始时，他可以更好地控制烘焙机的温度。所以，咖啡烘焙师必须彻底了解他的机器，并熟练运用它。烘焙师在第一次烘焙完一种新咖啡后，会对它进行杯测，并在接下来的烘焙中做必要的调整。在这个阶段，热情和主观情绪的影响必须被降到最低，烘焙师必须尽量暂时遗忘他所有关于某种咖啡豆、某个种植园或某位种植者的主观情绪。烘焙时客观必须战胜主观，因为咖啡是一门科学。

PROBAT

工具

为了充分练习烘焙的艺术，并获得最好的成果，除了咖啡烘焙师，工具也是必要的。

烘焙机（烘豆机）

我们同时在使用两种烘焙机：Probat 22 千克和 Probat 60 千克，两者都是铸铁制造，以天然气为能源。当然，市面上还有多种类型和容量的烘焙机。咖啡豆在一个鼓式的滚筒里——为了受热均匀——被烘焙，之后会被放在一张冷却网上。烘焙机的温度是手动控制的，所以也需要必要的知识。烘焙 15 千克咖啡豆一般需要 9～14 分钟，然后再用冷却网冷却它们。工业用烘焙机则不同，只需要 3 分钟即可烘焙 500 千克咖啡豆，之后会用水冷却咖啡豆。

电脑控制的辅助工具

除了烘焙机本身，咖啡烘焙师还可以使用电脑控制的辅助工具，管理和记录烘焙流程中的每个阶段。这么做的目的是尽可能控制流程中的每个步骤，并让烘焙的成果尽可能稳定。

色度计

咖啡豆的颜色是客观测量烘焙情况的参数之一。为了测量咖啡豆色调中细微的差别，并确定咖啡豆准确的颜色，咖啡烘焙师需要使用工具或色度计。借助这种工具，咖啡烘焙师可以对烘焙结果进行双重检测。在每次烘焙流程的最后阶段，烘焙师会取出一份咖啡豆的样品并研磨。这些样品会用色度计检测，读出它的颜色，并转换入分数量表（point scale）。这种工具可以帮助确保咖啡豆稳定的品质。但颜色不能说明一切，毕竟不同的方式有可能产生同样的颜色。烘焙曲线中的每一个调整都会对口味产生直接的影响。

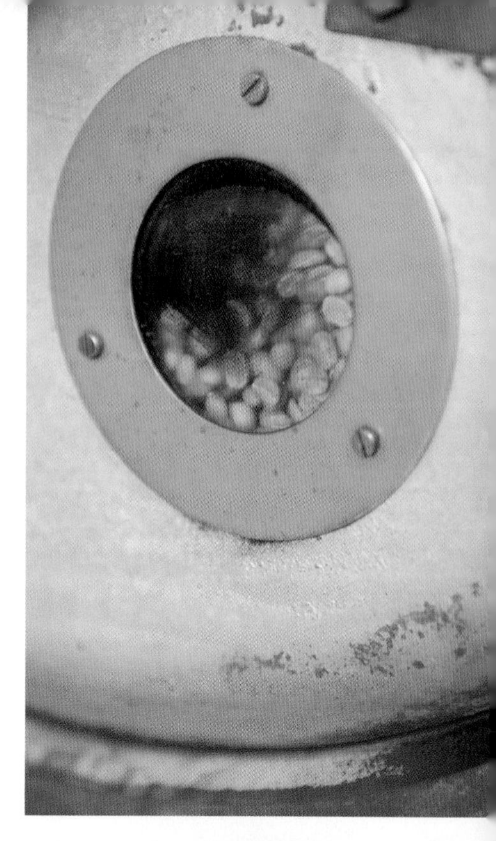

酸质

酸质是人们评判咖啡的首要条件之一。这个概念常常会遭受人们不公正的误解。对于外行来说，酸质就是“发酸”的同义词，但事实并非如此。咖啡中的酸质代表着咖啡的清新和活泼，与品种和产地密切相关。比如说，非洲产地的咖啡一般来说在酸质这一项上得分很高。所以，酸质正是咖啡的“闪光点”的一部分，完全不是负面的。更多关于酸质的内容请参阅第 100 页。

烘焙和对口味的影响

传统的烘焙方式是把生豆放在封闭的鼓式滚筒中烘焙，从外部均匀、精准地进行加热。这种烘焙方式让你无法烘焙大量的咖啡豆，但可以照顾到每颗咖啡豆。因为滚筒会沿着轴心旋转，所以咖啡豆会始终保持运动，并均匀受热。咖啡烘焙主要是要找到不同风味元素间的平衡，也就是酸、甜和苦之间的平衡。

咖啡烘焙师在开始烘焙前，必须决定要采取的烘焙方式。这取决于第一次杯测的结果，以及后续萃取咖啡的方式（过滤式还是浓缩咖啡），如用于浓缩咖啡的烘焙方式就不同于过滤式咖啡。生豆本身是没有风味的，被烘焙后才获得了独特的香气、气味、口味和颜色。倒入咖啡豆时，烘焙机的平均温度是200℃，冷豆会让其温度降至100～130℃。

咖啡烘焙师必须重新加大火力，或增加天然气的输出量，直到咖啡豆开始冒出蒸汽。接下来，咖啡豆中所有多余的湿气都会被排出，这是在一爆阶段。之后咖啡豆开始变成棕色，这也被称为梅纳反应（译注：或称美拉德反应，Maillard reaction），并开始焦糖化。

近距离观察烘焙流程

正如前文所述，咖啡烘焙是在一个被加热的大型的、缓慢转动的鼓式滚筒里进行的。通过加热，生豆会失去其水分，总重量减少 15% ~ 20%。所以，咖啡烘焙师会损失咖啡豆原本重量的 15% ~ 20%。不过温度越高，咖啡豆会变得越大。到了一定的时刻，咖啡豆会像爆米花一样“爆开”，我们称其为一爆。之后咖啡豆会开始变成美丽的棕色（梅纳反应）。从一爆起咖啡就可以被饮用了，也就是具有了可溶性。不过现在就把咖啡豆从烘焙机里取出还是太早了，因为此时的咖啡仍有酸味。不要把这种酸味和酸质搞混了，因为在烘焙流程中的这个时刻，这个词还是带有负面意义的。就在一爆之后，咖啡豆中的酸质凸显出来了。如果继续烘焙，咖啡豆会焦糖化，其中的甜度会凸显出来。到了那时，酸质会略微缓和。如果烘焙师继续烘焙咖啡豆，苦味会占据上风，咖啡豆只剩下焦味，所有其他的香气和风味都会消失。鉴于每种咖啡豆各有不同，所以无法给出准确的时间。很多时候，烘焙师能够以准确的时间烘焙咖啡豆，更多的是靠直觉。同样，烘焙的棕色越浅，咖啡豆清新和水果调的香气就越浓；棕色越深，咖啡的风味就越强烈，越苦。为了达到理想的结果，烘焙师在烘焙时需要一直看、闻和听。

一定时间后，咖啡豆有可能再次爆开，即二爆。这种温度下的咖啡豆已经近乎黑色，外表泛油，只剩焦味。如果有人对精品咖啡使用了这种烘焙方法就太遗憾了，因为这样的咖啡豆几乎已经失去了所有的闪光点和甜度，只剩苦味和之后的焦味。轻度烘焙的咖啡豆的缺点是，有可能会保留了其不好的特点。所以，烘焙师必须对咖啡豆的好品质有绝对的把握。毕竟掩盖咖啡豆不好的特点要容易些，只要过度烘焙就可以了。正因如此，样品烘焙都是非常轻度的，便于发现有可能存在的不好的特点，并真实清晰地了解咖啡豆。

绿色

烘焙流程开始时的咖啡豆如图所示。在这个阶段，烘焙机的温度会立即升高，2 分钟后你会闻到类似于新修剪过的草坪的香气。

黄色

咖啡豆一旦变为这种颜色，即开始干燥阶段。你会闻到类似于干草或枯草的香气。之后我们需要把温度降低。

一爆

在这个阶段，咖啡豆无法承受高温，它们会开裂或者爆开。咖啡豆中还留有的水分会完全蒸发。豆子会释放热量，而不是吸收热量，所以温度要继续降低。

肉桂色

在这个阶段，你会闻到像刚出炉的面包的香气。我们的烘焙厂周围就围绕着这种香气。在这个阶段开始出现梅纳反应（参见第 80 页）。

结束

我们根据颜色来决定何时结束烘焙。这是考验咖啡烘焙师技巧的时刻。一爆后，稍微继续烘焙一会儿，酸性物质会转化为糖类。烘焙精确的持续时间取决于烘焙情况、咖啡豆的类型和预定的萃取方式。深度烘焙最终会丧失所有的风味，只剩高度的苦味。

遗憾的是，大多数咖啡的烘焙都过度了，这是为了去除咖啡的负面特点，也是为了制造口味更平淡，并因此更符合商业利益的咖啡。超市里的顾客期待的是，某种牌子的咖啡每一包都是同样的味道，今年如此，明年也是如此。但对待精品咖啡，我们是另一种工作方式。我们处理的是一种自然产物，即使是同一个种植园里的咖啡豆也不可能每年都是同样的风味。而我们恰恰努力想呈现出所有独特的香气和风味。咖啡也是一种季节性产物，每个国家的采摘季时间都不同。换句话说，“一期一会”也是我们所秉承的逻辑。烘焙精品咖啡时，你每次处理的都是当时所收获的咖啡豆。这些用完了，就该去下一个地区了。

精品咖啡从不会被过度烘焙，因为咖啡烘焙师深知，他处理的是顶级咖啡，过度烘焙会损失其所有优点，比如清新度和甜度。所以，精品咖啡无法保证每次的风味都一样，但这正是它有趣的地方。轻度烘焙需要技巧，这是一种平衡练习，要确保咖啡豆既不会被烘焙得过轻，又不会被烘焙得过重。

冷却咖啡豆

烘焙后冷却咖啡豆的方式也很重要。烘焙后，咖啡豆会被放在一张网上，有冷空气流通。一旦咖啡烘焙师觉得烘焙已经完美了，就必须尽快结束烘焙流程。咖啡豆的冷却必须立刻开始，因为咖啡中的油分会让咖啡豆继续保持闷燃，并导致苦味的产生。

为什么浓缩咖啡所需的烘焙方式和过滤式咖啡不同？

浓缩咖啡是一颗小型的味觉炸弹，在压力和强度的影响下，强调占主导地位的风味。如果本身酸质含量较高的咖啡，在一爆后——酸质最高的时刻——就从烘焙机里取出，再用浓缩咖啡机萃取，咖啡中占主导地位的因素——酸质，就会过于突出，使咖啡失去平衡。所以，用于浓缩咖啡的咖啡豆和过滤式咖啡的烘焙方式不同。这也是为什么咖啡烘焙师必须始终了解咖啡豆最终的萃取方式的原因。

PROBAT

包装咖啡

毫无疑问：距离烘焙流程越久，咖啡越不新鲜。让咖啡在销售时保持新鲜是很重要的。我们建议在 1 个月内销售它，才能充分享受它所有的特质。当然，超过 1 个月的咖啡并不是不好，只是随着时间的推移，香气会越来越淡。所以，包装在保持咖啡的新鲜度方面扮演着重要的角色。带阀门的包装袋是一种不错的包装方式，阀门可以让咖啡排气（degas），避免空气进入包装袋。以这种方式包装可以最大限度地保持咖啡的新鲜。因为咖啡永远不能在烘焙后立即被饮用，它首先需要排气。理想的状态是，咖啡豆在包装内静置 4 ~ 5 天——在那里它们可以排气——再被销售。到那时它们才能展现出真正的特质。咖啡豆烘焙程度越深，气体含量越高。所以浓缩咖啡豆需要排气一周，而过滤式咖啡豆只需等待较短的时间即可饮用。

混合咖啡和烘焙过程

下面让我们简单说说混合咖啡。混合咖啡并不是简单的各种咖啡的混合物。找到完美平衡的混合咖啡恰恰需要很长时间。请注意，有时候混合咖啡确实是好豆和次豆的多彩的混杂。我们想说的无疑并不是这种。一种好的混合咖啡需要时间、精力和许多的爱，烘焙单一产地的咖啡要比配出混合豆容易得多。烘焙师需要知道想达成的最终成果，此外还存在着一些因素需要不同的烘焙方式，比如咖啡豆的大小不同。如果烘焙师的混合咖啡配方中，选用了密度和大小不同的咖啡豆，那他应先分别烘焙这些咖啡豆，之后再进行混合。类似的咖啡豆也可以一起烘焙。配比较好的混合咖啡的优点是更为复杂，口味也更丰富。咖啡烘焙师需要找到能够相得益彰的咖啡豆，一旦成功，就会得到充满个性的咖啡作为嘉奖。

17

咖啡萃取

本图由Schuilenburg Coffee Solutions提供

咖啡购买

每位咖啡爱好者可能都会问自己："我应该买哪种咖啡？我购买的时候应该注意什么？"如果你使用我们提供的贴士和技巧，在家也能享用一杯美味的咖啡。我们建议每个人都去烘焙厂、咖啡馆购买咖啡，专业人士无疑能回答你的每个问题，此外他们也知道什么是好咖啡。包装上的信息充分也是你应当优先考虑的，如今透明度是非常重要的。你应该能从包装上看到咖啡的产地和种植方式，还应该能读出烘焙日期、烘焙情况和色标。我们想给你的另一个贴士是，价格并不总与品质相符。精品咖啡无疑较贵，但即使是这一点也应该在包装上标明。你是为咖啡的品质付钱，而不是为市场营销。想想麝香猫咖啡吧。猫屎咖啡，或者说麝香猫咖啡，是世界上最昂贵的咖啡品种之一。但高昂的价格并不是因为它使用的咖啡樱桃本身很稀有，而是因为这种咖啡商业化的方式和它背后的营销故事。简单粗暴地说吧：如今谁还愿意为猫排泄物里找到的东西花这么多钱？没错，这是一次聪明的营销。所以，千万不要受一个美好或有趣的故事的影响。应注重品质，保持判断力。你身边的咖啡烘焙师肯定可以帮你少走不少弯路。坚持选择咖啡豆，而不是研磨后的咖啡粉，因为咖啡豆可以更好地保留香气，所以请自己在家研磨。参与杯测，品尝咖啡，找出你最爱的风味。

咖啡保存

在家应该如何保存咖啡？其实答案很简单：不保存！在制作咖啡豆的完整流程中，人们已经做了一切努力，以尽可能保留咖啡的香气。咖啡保存则与之截然相反，因为咖啡保存得越久，丧失的特质就越多。所以买回家的咖啡越新鲜越好，别把它锁在柜子里。存储咖啡是很糟糕的行为。新鲜度对享用一杯美味的咖啡而言至关重要，所以咖啡在家保存的时间不要长于两周。不要把咖啡放进冰箱的冷藏室或冷冻室，因为那样常会让咖啡吸收别的气味和味道。没人会愿意喝一杯带奶酪味的咖啡。

咖啡的包装也决定了它的保质期。用带阀门系统的包装袋包装的咖啡比用传统纸袋包装的咖啡保质期更长。原则上说，阀门系统可以让咖啡保持新鲜长达四周。

贴士

- 从咖啡烘焙师那里购买新鲜烘焙的咖啡，不要存储。

- 购买咖啡豆，而不是咖啡粉。

- 在凉爽的地方用带盖的密封罐保存咖啡，时间不超过两周。

- 尽量不要一直保存着“精品咖啡”，直到某个“精品时刻”才饮用，因为咖啡的美妙特质到那时已丧失殆尽……

在家萃取咖啡

首先找到你最爱的咖啡种类。你是比较喜欢浓缩咖啡，还是更大杯也更柔和的咖啡？我们在本书开篇时已经做出承诺，决不妥协。好吧，我们可能要让真正的浓缩咖啡爱好者有点失望了。尽管看起来你只需按一下按钮，机器里就会流出好喝的咖啡，但事实并非如此。你在家也应该已经发现，咖啡的质量很多变。研磨、填压和咖啡机必须 100% 匹配才能获得一杯好的咖啡，这对于家庭咖啡师而言可能既烦琐又昂贵。

另一方面，只需要人民币 800 元的投资，你就可以在家萃取出完美的过滤式咖啡。所以我们的建议是，在家萃取过滤式咖啡，去你最爱的意式咖啡馆喝浓缩咖啡。

慢咖啡或过滤式咖啡

顾　客：“早上好，我听说你们这里有美味的咖啡，请给我来一杯黑咖啡。”

咖啡师：“好的，您想要哪种咖啡呢？浓缩咖啡还是过滤式咖啡？”

顾　客：“过滤式咖啡？”——皱眉——“哦不，我不喜欢那个，给我来一杯浓缩咖啡吧。”

以上对话在生活中极其常见，是完全可以理解的情况，因为如今当我们说起过滤式咖啡时，很多顾客想到的都是那种我们从小喝到大的苦咖啡。在保温瓶里放了几个小时的咖啡，满含咖啡因，需要加糖和奶才能入口。幸好，我们今天所谈论的那种精品咖啡馆里的过滤式咖啡并非如此。这两种咖啡唯一的共同点是，它们都不是用浓缩咖啡机制作的，此外再无任何相似之处。

你应该期待怎样的过滤式咖啡呢？让我先解释一下，过滤式咖啡到底是什么，还有它和浓缩咖啡的区别在哪里。

什么是过滤式咖啡？

现在我们到底是称呼它为过滤式咖啡还是慢咖啡？慢咖啡这个称谓之所以会产生，首先是为了清晰表明，这是一种较慢的咖啡萃取方式，与浓缩咖啡相反。此外似乎也便于将这种咖啡和消费者通常理解的过滤式咖啡相区别，即上文所述的那种概念。慢咖啡、慢速冲煮或者过滤式咖啡，如今指的都是同一种萃取方式。

过滤式咖啡伴随了我们中的绝大多数人成长。但随着浓缩咖啡机的兴起，这种萃取方式逐渐被忽视，各种快速轻松萃取咖啡的方式出现了，比如咖啡包和咖啡胶囊，一眨眼的工夫就能做好一杯咖啡。然而，不少咖啡饮用者在一段时间后，不再满足于这种咖啡萃取和饮用的方式。幸好如此。而正因为如此，过滤式咖啡再次回归。对于那些有不同期待的人，对于那些期待更高品质咖啡的人，过滤式咖啡是一种非常有益的解决方法。用最多人民币 800 元就能在家萃取梦幻般的咖啡。所以，你并不需要购买非常昂贵的机器，也能萃取美味的咖啡。你只需要一台秤、一台研磨机、一件过滤装置，当然，还有优质的咖啡豆。

COFFEE COLLECTIVE

过滤式咖啡和浓缩咖啡的区别

首先，最主要的区别是水和咖啡的比例不同。浓缩咖啡比过滤式咖啡浓烈许多。萃取过滤式咖啡时，一般是 20 克咖啡粉用 300 毫升水。萃取浓缩咖啡时，一杯双份浓缩咖啡大致需要 20 克咖啡粉，以及 40 ~ 60 毫升的水。所以水与咖啡的比例相差很大。因此，浓缩咖啡就是一颗味觉炸弹，是咖啡极其浓烈的一击，饮用时占主导地位的风味被放大，而其他更微妙的风味往往不会被察觉。

萃取过滤式咖啡时，对于同等重量的咖啡粉，你会多用许多水，就像用一个放大镜观察咖啡，你也会发觉更多的风味。过滤式咖啡向你展现了咖啡非常诚实和真实的风貌。毕竟，相对于浓缩咖啡，你对咖啡的操控会少得多。这种技术也最接近杯测技术（参阅第 62 页），即专业人士用于评判咖啡的技术。

两种萃取方式的另一个巨大的差别是咖啡油脂，萃取浓缩咖啡时必然会产生咖啡油脂，但萃取过滤式咖啡时不会。咖啡油脂，或者说浓缩咖啡上面那一层，不过是被压出滤杯的无法溶解的物质和油脂的集合物。它们聚集在咖啡液体的表层，形成了浓缩咖啡苦味的一部分。但过滤式咖啡不同，这也是过滤式咖啡和浓缩咖啡相比，结构和口感更薄的原因。萃取过滤式咖啡时，会从咖啡中滤走更多的油脂和不可溶物，具体取决于你所用的过滤装置的种类。

过滤式咖啡的喝法和浓缩咖啡也不同。一杯浓缩咖啡最多只有 30 毫升，大致两口的容量。所以一杯浓缩咖啡喝起来会很快。一杯过滤式咖啡的容量要大些，杯子也大些，所以喝起来会慢一些。此外你会发现，随着温度的降低，过滤式咖啡的风味会发生变化。这是如何产生的呢?

风味发展

一杯过滤式咖啡中，至少有 98% 是水。咖啡中不同的风味元素在水中的溶解时间是不同的。咖啡的风味体验是由香气（嗅觉）、可溶物（味道）和不可溶物（醇厚度或口感）组成的。开始萃取后，你能通过鼻子立即闻到香气。香气中的大部分是易挥发的，很快就会消失。酸质、味道和口感的组成元素需要更多时间才能被感受到。在萃取过程中，所有组成完整风味体验的元素都是在不同的时刻形成的。总的来说，你可以这么理解，即你的饮品的前半部分是负责溶解绝大多数最美好的风味和酸质的（参阅第 78 页、第 100 页），后半部分增加的风味较少，但主要负责强度、醇厚度和最终成品的力度。更多相关内容，请参阅后续的具体食谱（参阅第 114 页）。

衡量就是了解

也许你已经见过诸如萃取率和 TDS（译注：总溶解固体）这样的术语。这些词都是什么意思？不只是品尝，客观测量也能帮助咖啡烘焙师或咖啡师达到稳定的品质和完美的萃取率。在此请允许我再说一次：我们每次在通过品尝评测咖啡时，寻找的是酸、甜和苦之间的平衡。咖啡烘焙师和咖啡师的任务是追求不同元素间的平衡，当然也要考虑到原产地。

在这种情况下，人们使用萃取率这个概念，它可以用 TDS 计或折射仪测量。测量出的值表示萃取程度。

简单地说，这个值指研磨咖啡粉溶解于饮品中的比例。假设你要用 100 克咖啡粉萃取咖啡，如果在萃取后，你将咖啡渣干燥后称量它，从技术上说，最多只剩 70 克咖啡渣。在那种情况下，咖啡粉里的一切可溶物都已经溶于你的咖啡杯中。你可能会觉得太棒了，最大限度地使用了你的咖啡！不，并非如此，这正是咖啡萃取最大的挑战。这种咖啡喝起来非常苦，没有均衡的风味。所以我们追求的是尽量溶解咖啡中所有的正面因素，即咖啡粉的 18% ~ 22%，而不是上文所述的 30% 的最大可萃取率。少于 18% 是萃取不足的咖啡，没有溶解咖啡里所有正面的、预期的风味，喝起来可能带有片面的酸味。这是不言而喻的，因为让咖啡平衡的元素，如甜和苦，会在萃取流程的较后阶段溶解。所以，你尚未充分地开发和利用咖啡。多于 22% 则会获得相反的结果。除了获得所有预期的风味，你也溶解了负面的风味。这些风味会让咖啡失去平衡，苦味过度，风味变差，咖啡的酸质和甜度都被压制了。

如何制作过滤式咖啡？

首先需要明确的是，不存在“唯一的食谱”。过滤式咖啡会受到如此多因素的影响，你的食谱也应该根据咖啡品种的不同而变化。除了产地，你在萃取过滤式咖啡时，还可以利用以下这些变数：

- 咖啡粉和水的比例；
- 时间（水和咖啡粉的接触时间）；
- 过滤装置的材质，特别是过滤方式［凯梅克斯（Chemex®）、卡利塔（Kalita）、V60、爱乐压（AeroPress®）、法式滤压壶……］；
- 温度；
- 水的种类。

贴士

- 当你开始品尝酸质较多的咖啡时，请以开放的态度，忘记咖啡过去对你意味着什么。想想水果。

酸质

酸质是阿拉比卡咖啡重要的组成部分。一些咖啡品种会比其他的品种酸质含量更多。酸质主要是由品种、富含矿物质的土壤和海拔造成的。

提到酸质，很多人会联想起酸味。人们不会立刻把酸和美味的咖啡联系在一起，而会先想到小时候在奶奶家的经历。在那里，咖啡会在保温盘上或保温瓶里保温好几个小时。酸是酸质的极端形式，显示了咖啡的不足。所以请允许我们把酸质替换为新鲜度、果味、活泼度、闪光点……毕竟当我们说到酸质时，上述这些正是我们所寻求的，也就是正面的风味因素。所以我们在阿拉比卡咖啡中寻找的也正是正确分量的新鲜度。酸质其实是一个广泛的概念，可以被分为不同的类型，因此也造成了许多困惑。了解酸质的种类可以帮助我们分清正面的酸质和负面的酸味之间的界限。

以下是最常见的酸质种类。

- **柠檬酸：**主要出现在生长于高海拔地区的阿拉比卡咖啡中，想想橘子、柠檬、柚子等水果的调性。这种酸质在浅焙时最多，随着咖啡豆烘焙程度的加深，会被逐渐破坏。完美的烘焙可以产生平衡的柠檬酸质。为了准确理解什么是平衡的酸质，可以参考柠檬。比较未成熟柠檬的味道和成熟柠檬的味道，这正是正面的、平衡的酸质和发酸的、负面的酸味之间的区别。

- **苹果酸：**主要是指苹果和梨子的酸质，是一种比较甜、微微发酸的新鲜感，清爽。

- **乙酸：**也叫醋酸。这是一种既存在于生豆中，也存在于烘焙后的咖啡豆中的酸质，但仅在一定程度上被视为正面的风味。

- **奎尼酸：**和上述酸质相反，奎尼酸会随着咖啡豆烘焙程度的加深而增加，在极深度烘焙的咖啡豆中含量最高。所以奎尼酸并不是咖啡师所追求的，因为它会造成苦味和不好的风味。你也会在长时间保温在保温盘上或保温瓶里的咖啡中尝到这种酸质。

- **酒石酸：**最常见于葡萄中，可以给咖啡加上葡萄酒般的风味。在某种程度上是正面的，但是含量太高会造成负面的、发酸的感受。

本图由Schuilenburg Coffee Solutions提供

酸质也会受到加工方式的影响（参阅第 30 页）。日晒处理法加工的咖啡中可感知的新鲜度比水洗处理法加工的咖啡要少，这主要是由于日晒咖啡较高的醇厚度或口感造成的。醇厚度掩盖和抑制了酸质，所以喝醇厚度较高的咖啡时，你会感受到较少的酸质。酸质的难点在于平衡。一旦酸质的存在感太高——太酸，咖啡就会失去平衡。造成这种情况的原因各异，首先是采摘的方式（参阅第 28 页），其次是烘焙的方式（烘焙不充分，参阅第 79 ~ 80 页），最后是咖啡师错误的萃取方式。另一方面是苦味，咖啡的另一个重要元素。咖啡中一直存在着少量的苦味，这也是正常的，因为它重新平衡了酸质，让它喝起来不那么尖锐。一旦苦味的存在感过强，就会压制其他的风味，占据统治地位并形成负面的体验。

但请不要混淆苦味和不好的风味。正如上文所述，一定程度的苦味是正常的，也是正面的。不好的风味则永远不会是正面的，应尽量避免。咖啡饮用者常常会混淆这两者。

过度的苦味是如何产生的？

苦味随着过度萃取而产生。萃取程度越深，苦味越多。萃取程度也被表示为总溶解固体（TDS），可以用 TDS 计测量。

萃取会受到水、烘焙、温度、时间、研磨度、克重和萃取方式的影响。产生苦味的原因可能是：

- **烘焙程度：**较深的烘焙会破坏正面的酸质，减少咖啡的甜度，增加苦味。

- **温度：**较高的水温会增加苦味。

- **研磨度：**咖啡研磨得越细，水渗透咖啡粉的速度就越慢，因此就延长了咖啡与水的接触时间，增加了萃取时间。

- **时间：**接触时间 / 持续时间 / 萃取时间主要由克重和研磨度决定。克重越大，或者研磨得越细，持续时间越长。此外你也会发现，不同的咖啡品种会造成不同的持续时间。有些咖啡的持续时间比其他的咖啡短，这与咖啡豆的孔隙率有关。

本圖由Schuitenburg Coffee Solutions提供

咖啡种类的重要性

你所选择的咖啡种类当然不应被忽视。浅焙咖啡的风味更广泛，香气多样。较深的烘焙会破坏不少香气。较浅的烘焙也会突出新鲜度（参阅第 82 页），有助于形成广泛、柔和，但又香气四溢、风味丰富，且苦味有限的咖啡。

饮用过滤式咖啡

饮用过滤式咖啡的方式取决于你的个人喜好，没有所谓的“唯一食谱”。我们在下一页会列出所有可能影响过滤式咖啡风味的参数，其实信息就是：尝试！不管你是在钟爱的咖啡馆里尝试，还是在家尝试，都没关系。你发现和尝试得越多，就越快能找到你个人的喜好和口味特征。没错，口味和颜色。

你是否想在家中萃取一杯物美价廉的咖啡？快来和我们一起踏上这趟寻味之旅吧！我们会把关键技巧教给你的。要不要跟我们打个赌，看你能不能技惊四座？还有，如果要把我们的技术传给他人，敬请随意……大家都来试试过滤式咖啡吧！

萃取

萃取是指咖啡豆中的可溶物脱离并溶于水中的程度。这会立即带给我们一个难题，即如何以正确的方式萃取咖啡。咖啡正确的萃取比例应当在 18%~22% 之间。

萃取过度

萃取可能会导致咖啡的失败。从技术上说，咖啡溶于水的比例有可能达到 30%，但那种咖啡无法饮用，它被萃取过度了。它的风味极苦，因为所有不需要的风味都从咖啡粉中脱离，溶解于杯中。

萃取过度的原因

- 水和咖啡之间的接触时间过长。
- 咖啡研磨过细，导致持续时间过长。
- 和水量相比，咖啡太少，导致咖啡被“使用过度”或提取过度。
- 水温太高。

萃取不足

保证最低的萃取度同样重要，否则就会萃取不足。萃取不足指可溶物脱离太少，咖啡未被充分利用。

萃取不足的原因

- 水和咖啡之间的接触时间过短。
- 咖啡研磨过粗，导致持续时间过短。
- 和水量相比，咖啡太多，导致咖啡未被充分利用。
- 水温太低。

参数和它们对风味的影响

咖啡的持续时间对风味很重要。这个持续时间受到诸如温度、克重、研磨度、水量、压力和过滤系统等参数的控制。持续时间太短，我们会说萃取不足，换言之，你没有充分利用咖啡，损失了风味。持续时间太久，我们会说萃取过度。

克重

克重无疑对你的咖啡的强度非常重要。克重越大，成品越有力。通常你可以用每升水萃取 60 克咖啡。我们会依据萃取方式做详细的说明。

水质

咖啡中 98% 是水。水是一个常常被人们忽视的因素。你所使用的水的成分，对于过滤式咖啡的风味影响很大。无论如何请使用过滤水。如果要使用瓶装水，我们建议你用 Mont Roucous（译注：这是法国的一种矿物质含量极低的矿泉水）。当然水量也决定着咖啡的强度。

研磨度

咖啡研磨得越细，水就越难通过咖啡粉，你对咖啡的提取也就越多。

温度

水温对萃取程度非常重要。一般来说绝不会使用开水，因为开水会释放或突出苦味，即使是使用含有苦味较少的浅焙咖啡。另一方面，过低的水温会造成令人不适的、发酸的风味。在谈论过滤方式时，我们会继续说温度。

材质

过滤装置的类型、特定的厚度和渗透率也影响着咖啡的风味。如果滤纸结构较细或较粗，则水流的速度会变慢或变快。最早的凯梅克斯滤纸结构很厚，最大程度地过滤了咖啡中的不可溶物和油脂。爱乐压的滤纸则要薄很多，会让更多的不可溶物通过，形成完全不同的“醇厚度”或口感。

过滤装置

无论是装置的形式、开口，还是孔洞的数量都影响着持续时间。

压力

传统的过滤式咖啡萃取过程中，只使用重力作为压力。爱乐压施加的压力则与重力无关，这当然会对成品产生影响。

紊流

这里的紊流指水被倒入咖啡粉时的方式、速度和力量。你可以缓缓地倒入，也可以大力倒下；倒水时可以做圆周运动，也可以不做。

本图由Schuilenburg Coffee Solutions提供

DALLA
CORTE

◇◇◇◇◇◇

保持冷静，喝咖啡。

◇◇◇◇◇◇

本图由Schulenburg Coffee Solutions提供

研磨咖啡

一个好建议：买一台咖啡研磨机，简单的手磨机足矣。在深入了解了精品咖啡的购买方法和各种萃取方式后，再去随便买一包咖啡粉无疑是弥天大罪。咖啡豆在研磨后会损失很多香气，特别是豆子的甜味消失得特别快。研磨得越细，咖啡的风味损失得越快。换句话说，找到你最爱的咖啡豆，然后自己研磨它。还需始终注意的是，选择适合过滤式的咖啡，以及合适的烘焙程度。

永远不要对超市里买的预磨咖啡粉使用这些萃取方式。那些咖啡一般来说都经过了过度的烘焙，被研磨得过细，还常是阿拉比卡种和罗布斯塔种的混合物。无论你多么严格地遵守以下的步骤，都永远无法用这种咖啡粉得达到预期的成品。

在接下来的几页中，我们会根据不同的过滤方式，给出一些食谱。更重要的其实是理解各种参数对最终成品的影响，由你来决定想要在咖啡中突出的部分，是酸质、醇厚度、甜度、香气、平衡，还是别的。测试和尝试，是我们想给你的信息！

各种过滤方式

凯梅克斯

凯梅克斯是一种沙漏形状的过滤系统，带有木制包边和一根皮绳，从 1944 年起被纽约现代艺术博物馆永久收藏。尽管看起来很现代，但它其实是 1941 年由德国化学家彼得·施伦博姆（Peter Schlumbohm, 1896 ~ 1962）设计的。使用这种器具萃取咖啡时，除了凯梅克斯过滤器本身，你还需要典型的凯梅克斯咖啡滤网。用这个巧妙的器具，你能够创造出非常新鲜、干净和纯粹的咖啡。当然你还需要遵守一些规则。

你需要什么？

凯梅克斯过滤器、凯梅克斯咖啡滤纸、水壶、温度计、计量秤、咖啡研磨机、计时器，当然还有适合的咖啡豆。我们建议你使用专门为这种过滤方式烘焙的咖啡豆，即浅焙咖啡。正如之前所述，凯梅克斯会突出咖啡豆的新鲜度和纯粹度，浅焙咖啡也一样，不过这些你已经知道了。

如何开始工作？

使用凯梅克斯萃取过滤式咖啡的全过程不得长于 4 分钟，否则咖啡会被过度萃取。如果持续时间过长，请把咖啡豆研磨得粗一些。如果持续时间过短，就把咖啡豆研磨得细一些。

步骤 1

准备

烧水，确保在倒水时水温至少有 90℃。研磨 20 克咖啡豆，研磨程度中等至稍粗。每升水一般可以萃取 60 克咖啡粉。

取出凯梅克斯，按照包装上的说明折叠滤纸（取决于凯梅克斯过滤器的型号），把滤纸放入器具，把滤纸双层的那一面放在壶嘴一侧，这样可以确保倒水这一侧的滤纸格外强韧，也可避免凯梅克斯本身在萃取的持续时间中被抽真空，导致水无法渗透，并造成咖啡的过度萃取。

用热水浇湿滤纸，直至其吸满水分。如果此时再向咖啡粉倒水，就可以避免滤纸吸收咖啡粉。用这种方式可以让咖啡粉吸收水分，避免香气的流失。

步骤 2

闷蒸

把凯梅克斯放在计量秤上，调零，把咖啡粉准确地倒在冲洗过的滤纸正中，确保计量秤指向 20 克。接着小心平稳地把热水（至少 90℃）倒在咖啡粉上，水量刚刚够让咖啡粉完全湿透。这个阶段被称为闷蒸，可以释放咖啡粉中所有在烘焙时产生的气体。通过闷蒸，你也可以让咖啡均匀地释放香气。换言之，闷蒸有助于良好均衡地萃取。

咖啡粉会膨胀成蘑菇的形状，并形成小气泡。咖啡越新鲜，需要排出的气体就越多，你在这个阶段看到的小气泡也就越多。闷蒸一般持续 20 ~ 30 秒，之后你会发现，没有新的小气泡形成了。

步骤 3

继续倒水

现在平缓地以圆周运动的方式继续倒水，直到计量秤指针指向 180 克。注意倒水时水位要低于滤纸边缘 1.5 厘米。不要把水倒向滤纸的边缘，因为水流动时总是会选择最短的路径，所以那样做会让水从滤纸背面流走，而不经过咖啡粉。让水充分渗透，等过滤器中的水位下降到一定高度后再继续倒水。当然也不能让咖啡粉床变干。继续倒水，直到计量秤显示为 280 克。等这些水也渗透下去后，继续倒水至 320 克。

步骤 4

倒咖啡

不要让过滤器中最后几滴水渗下，以免咖啡过苦。去掉滤纸，倒出咖啡。应优先选择敞口杯，让温度更快下降。在喝过滤式咖啡时你会发现，咖啡的风味在饮用过程中一直在改变，这都是温度造成的。

和杯测时一样，在温度太高时，咖啡风味的某些方面是无法被发现的。所以，饮用过滤式咖啡需要一些耐心。

风味结果和结论

使用浅焙咖啡可以做出颜色较浅的咖啡。这种咖啡颜色透亮，表层没有油脂，风味应当是纯粹、新鲜和明亮的。使用较厚的凯梅克斯滤纸，也许会损失咖啡的醇厚度，但风味的明确性可以轻易弥补这一损失。这种过滤方式不会掩盖太多信息，可以给予你咖啡真实的样子。

爱乐压

2005 年，阿兰·阿德勒（Alan Adler）发明了爱乐压。这位工程师多年来一直实验着各种咖啡师技术，最终得出结论，认为以下三个因素决定着风味的品质：正确的温度，将咖啡粉完全浸泡在水中，以及快速地过滤。基于这些原则，他发明了十几样器具，并最终成为今天我们所熟知的爱乐压的基础。爱乐压是一种很简单的过滤装置，它的外形像一个汽缸，由于对压力的使用不同，并使用了很薄的滤纸，所以有别于其他过滤装置。在使用凯梅克斯时，萃取程度取决于研磨度和重力，而使用爱乐压时，重力因素被替换为手动推压。使用爱乐压萃取过滤式咖啡时，你的个人品味能力再次发挥了作用。所以，请通过多练多尝，找到你的“黄金食谱”。在这里，我们给出基本的食谱，帮助你开始第一步。

你需要什么？

爱乐压、滤纸、计量秤、水壶、温度计、计时器，以及适合的咖啡豆，最好是浅焙的。

步骤 1

准备

称出 17 克咖啡豆，研磨，研磨程度比中等略粗。把爱乐压垂直放在咖啡杯或咖啡壶上，把滤纸放在滤纸托盘上，用热水冲洗，直至滤纸吸满水分。然后放入 17 克咖啡粉。

步骤 2

闷蒸

让水温降至 82 ~ 85℃。把少量热水倒在咖啡粉床上，水量刚刚够让咖啡粉完全湿透，让咖啡粉闷蒸或膨胀。60 秒后继续倒水，直至水位到达爱乐压顶部。等候 60 秒，缓慢下压。注意，不要一次性把所有的水都压出来，不要把最下层的液体压出过滤层，以免咖啡过苦。

步骤 3

倒咖啡

把爱乐压从咖啡杯或咖啡壶上取下，倒出咖啡。

风味结果和结论

咖啡的颜色不如使用凯梅克斯时明亮，因为爱乐压的滤纸较薄，会渗出更多油脂和不可溶物。这会形成醇厚度较高且非常平衡的咖啡。在饮用这种咖啡时，也需要用足够的时间等待其冷却。要不要打个赌，看你会不会在咖啡冷却后发现其美妙的新鲜度？

凯梅克斯和爱乐压在水温方面的区别

使用爱乐压时，你自己施加的压力——还有你在下压前决定等待的时间——对萃取也有一定的影响。使用凯梅克斯时不会用到人工压力，所以萃取的损失需要由别的参数平衡，也就是温度。较高的温度会加深萃取的程度。总之，在使用爱乐压时，可以用温度较低的水，因为萃取也受到压力和你决定下压的时间的影响。

Kalita

法式滤压壶

用法式滤压壶或法式咖啡壶萃取咖啡，无疑是人们最熟知的萃取方式。咖啡饮用者常常会购买这种器具，因为它看起来既简单又美观。遗憾的是，它往往很快就会被扔进柜子里。这种萃取方式之所以与上述两种不同，主要是因为它不使用纸质滤网，而是使用带有——尽管看起来很小——较大洞眼的滤网。法式滤压壶也需要用到压力，但成品与爱乐压完全不同，因为咖啡会经过过滤器或滤网的过滤。

你需要什么？

法式滤压壶、计量秤、水壶、温度计、计时器和适合的咖啡豆，最好是浅焙的。

步骤 1

准备

把法式滤压壶——最好是四杯容量的那种——放在计量秤上，调零。研磨 20 克浅焙咖啡豆，研磨程度为极粗。把咖啡粉放在法式滤压壶或法式咖啡壶的底部。烧水，并将水冷却至 92℃。

步骤 2

闷蒸

用计时器开始计时，向咖啡粉里倒入少量的水，开始闷蒸。注意，倒入的水只需刚刚够让咖啡粉完全湿透。等待 20 秒后继续倒水，直至计量秤指针指向 340 克。

步骤 3

搅拌和破渣

当计时器指向 1 分 30 秒时，平稳而缓慢地搅拌咖啡。如果咖啡表面浮起了咖啡渣，请通过搅拌破渣。咖啡表面也完全有可能不浮起咖啡渣，特别是在使用烘焙极浅的咖啡豆时。

步骤 4

推压咖啡

一旦计时器指向 3 分钟，最多 4 分钟——这取决于你的口味——就要马上盖上法式滤压壶的盖子，推压。盖子下的过滤器会把咖啡渣和液体分离。

步骤 5

倒咖啡

立即将咖啡倒入咖啡杯。永远不要让咖啡在法式滤压壶中停留。因为咖啡液会通过滤网继续和剩余的咖啡粉接触，萃取会继续进行，咖啡也会变苦。

风味结果和结论

结果至少可以说是特别的。就像果汁，风味非常丰富和醇厚。这是因为它最大限度地将油脂和少量不可溶物都通过过滤器进入了杯中。虽然不太纯粹，但是更丰富。人们一般认为，法式滤压壶适合风味很重的咖啡。我们认为，如果你还是想体现出所使用咖啡豆自然的新鲜度，秘诀就是使用烘焙程度极浅的咖啡豆。

V60

V60 本质上说是一种简单的、漏斗形的过滤器（译注：或称作滤杯），带有弯曲的凹槽，将水引入接收壶里。这看起来是最简单的方式。这种过滤器的另一个不同之处是，它的底部有一个大孔，而不是像传统的过滤器那样，有一个、两个或三个小孔。传统的过滤器通过小孔的尺寸控制萃取的持续时间，使用 V60 时，则是由使用者来控制持续时间。你，也只有你，才能通过浇注技术控制萃取程度。所以，在使用 V60 时，重要的是你倒水的方式。Hario Buono 水壶是你用 V60 做出好咖啡绝不可缺少的部件。市面上别的水壶也许也能用，但是 Hario Buono 水壶精细的出水口可以让你精准地倒水。另一个与传统过滤器的区别是，这种过滤器的过滤袋完全是锥形的，尾部是一个尖角，而传统的过滤袋则是梯形的。此外，这种过滤器有凹槽，或者说棱（译注：或称作肋骨），可以带来更多的空间，让咖啡得以膨胀，并可以更好地引流。

你需要什么?

V60 过滤器、V60 过滤纸、Hario Buono 水壶、计量秤、温度计和咖啡豆。

APPROX
500
400
XGS-60
MADE IN
JAPAN
02
HARIO

步骤 1

准备

研磨 17 克咖啡豆，研磨程度中等。烧水。把过滤器放在咖啡壶上，或者垂直放在一个大水杯上。把滤纸放入过滤器，用热水充分冲洗。待滤纸吸满水分，过滤器和水壶也被加热后，倒掉水壶中的水，把过滤器和水壶一起放在计量秤上，调零。

步骤 2

闷蒸

使用 V60 过滤器时的水温完全取决于所使用的咖啡粉，一般来说应在 82 ~ 85℃。把咖啡粉放入过滤器，倒水，直至咖啡粉完全湿透。等待 20 ~ 30 秒，等待时间取决于咖啡的新鲜程度。

步骤 3

继续倒水

现在继续倒水，直到计量秤指针指向 120 克。让水渗透一段时间，然后继续倒水至 200 克。一旦这次倒入的水渗透了 80%，就立刻继续倒水至 265 克。

注意，在每次倒水的间歇，不要让咖啡粉床彻底变干。每当水渗透了 80%，就立刻继续倒水。不要让最后的水分也渗入杯中，把它们和滤纸一起扔掉。

步骤 4

倒咖啡

把咖啡倒入敞口的杯子中，便于让咖啡冷却，并可以从整体上评价它。你会发现在不同的温度阶段，咖啡的风味也在改变。

风味结果和结论

这种萃取方式的成果是一杯风味丰富的咖啡，带有平衡的酸质。它的风味不像使用凯梅克斯时那么明显，但是仍然有着美好而圆润的醇厚度。

卡利塔

日本的卡利塔过滤器是一种鲜为人知的过滤系统。它与传统的 V60 类似，但底部有所不同。这种过滤器的底部是一个平底的滤床，直径 5 厘米，带有 3 个小孔。平坦的底部可以让萃取非常均匀。特制的滤纸表面带有褶皱，可以让滤床不被抽真空。

你需要什么?

卡利塔过滤器、卡利塔滤纸、计量秤、温度计、咖啡研磨器、计时器、水壶和咖啡豆。

步骤 1

准备

研磨 22 克咖啡豆，研磨程度中等。烧水。把卡利塔过滤器放在咖啡壶上，并放入带有褶皱的卡利塔滤纸。向滤床的中央倒入热水，直至热水充满整个过滤器，滤纸被清洗，并吸满水分。注意不要把水倒在滤纸边缘上，你会看到滤纸上的褶皱一直都在，这样等会儿过滤器就不会被抽真空。把水壶里的水倒掉：现在你已经预热了水壶，并冲洗了过滤器。

步骤 2

闷蒸

调零计量秤。向过滤器内倒入 22 克咖啡粉。使用 85 ~ 92℃ 的热水，向过滤器中央倒入热水，让咖啡粉完全湿透。咖啡粉会膨胀和排出气体。

风味结果和结论

用这种过滤器萃取的咖啡风味非常丰富而浓郁。拥有平坦底部的卡利塔也特别适合较大量的咖啡。平坦的底部可以充分保证萃取过程的均匀。

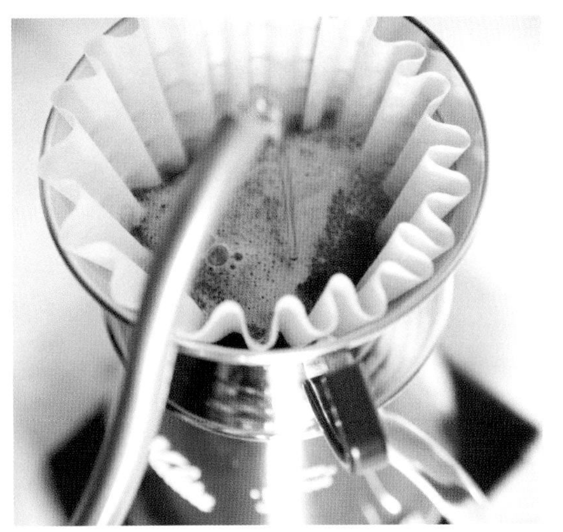

步骤 3

继续倒水

等待 20 ~ 30 秒后，继续倒水，直到计量秤指针指向 150 克。等倒入的水渗透了 80% 后，继续倒水至 250 克。等这次倒入的水渗透了 80% 后，继续倒水至 300 克。

步骤 4

倒咖啡

把咖啡倒入敞口的大杯子中，便于让咖啡冷却，并充分释放各种香气。

	凯梅克斯	爱乐压	法式滤压壶	V60	卡利塔
温度	92℃	82 ~ 85℃	92℃	85 ~ 92℃	85 ~ 92℃
研磨度	中等	中等	粗糙	中等	中等
压力	重力	人工	人工	重力	重力
过滤方式	厚而细密的滤纸	薄滤纸	金属网（不用滤纸）	滤纸	表面带有褶皱的卡利塔滤纸
风味结果	非常纯粹、新鲜，醇厚度较低，酸质尖锐	饱满、活泼，明亮度较低，果味酸质	非常饱满，醇厚度高，较为浑浊，平衡的酸质，不太尖锐	风味丰富，醇厚度高，平衡的酸质	风味丰富、浓郁，醇厚度高，平衡的酸质

浓缩咖啡

首先需要明确的是，浓缩咖啡的萃取足够单独写上一本书，所以我们的目的并不是在接下来几页中提供一份详细的操作手册。关于这方面内容，我们很乐意向你推荐别的书，比如家庭咖啡师类的书籍，在此我们只想起个头。请允许我们从接下来这个问题开始："为什么我们比利时人喝的浓缩咖啡这么少？"答案很简单：因为在比利时，98% 的浓缩咖啡的萃取方式都是错误的，所以未能呈现它本应呈现的风味。

萃取浓缩咖啡时和萃取过滤式咖啡时一样，我们始终在寻找酸质、甜味和苦味间完美的平衡。只有当这些因素中没有任何一种占主导时，才能达到完美的平衡。当然，无论萃取哪一种咖啡，你都需要考虑到咖啡的原产地，以及与之相关的咖啡固有的特点。不过，和萃取过滤式咖啡不同的是，为了获得好的浓缩咖啡，你得有一台尚可的机器（注意：不是便宜的），还得每天至少用它磨上一杯咖啡，并且好好维护它。鉴于你在家一般咖啡喝得有限，在你能得到可以接受的成品前，你会用错误的方式萃取很多浓缩咖啡，浪费掉很多咖啡豆。正因如此，这一章并不是为家庭使用者而写，而是想说说浓缩咖啡正确的萃取方式。

60
30 ml

设备

为了做出美味的浓缩咖啡，你不仅需要优质的咖啡和优秀的咖啡师，也需要使用专业的设备。此外，同样重要的是对这些设备的维护和清洁。

研磨机

真正的咖啡狂人肯定已经购买了昂贵的浓缩咖啡机。但你是否想过研磨机的重要性？也许没有，尽管研磨机对美味的浓缩咖啡至关重要。我喜欢用汽车来打比方，如果咖啡机是车厢，研磨机就是方向盘。没有方向盘，跑车再豪华也没用，萃取咖啡时也一样。没有一台优质的研磨机，以及使用它的知识，你的浓缩咖啡机也毫无用处。咖啡豆被研磨后才能释放风味，研磨的方式、研磨度的一致性和其他因素对你接下来的工作影响巨大。研磨机的刀片必须干净、锋利，否则你就会得到不均匀的咖啡粉，体现在杯中就是：不均衡的咖啡，无人愿意饮用。

料斗，或者称研磨机上方装咖啡豆的容器，每周需要做彻底的清洁，以避免油脂附着在内壁上，并伴随新加入的咖啡豆进入咖啡粉中，这对浓缩咖啡的风味和平衡都是有害的。

浓缩咖啡机

当然，市面上有着不同品牌、颜色和价格的浓缩咖啡机，但总体而言，它们可以分为三类：手动、半自动和全自动。

手动咖啡机——正如名称所示——需要手动操作。使用这种机器时，操作者或者咖啡师需要自己完成全部的工作：研磨、填压和萃取。全自动咖啡机则会自己完成所有的工作，只要按下按钮，咖啡机就会自己开始研磨、填压和萃取。这类咖啡机巨大的优势当然是，你无须花钱雇一位咖啡师了，毕竟咖啡机已经取代了他的工作。另一个优势则是，可以确保咖啡稳定的品质，但这种咖啡机无法做出真正顶级的咖啡。咖啡馆里通常使用半自动咖啡机，这种咖啡机给予了咖啡师为咖啡加上个人烙印的自由。使用这种咖啡机时，气泵、锅炉和温度是自动调节的，但其他因素依赖于咖啡师，比方说，他可以决定萃取一杯咖啡的持续时间。

92.0
GROUP 1
ON
OFF
STEAM BOILER
1 2
20

单锅炉系统还是双锅炉系统？

在购买浓缩咖啡机时，可以选择单锅炉系统或双锅炉系统，这也取决于这台机器的用处。可以用买车来打比方，如果要去赛道上比赛，那么法拉利是个不错的选择；如果是用车天天送孩子上学，那你需要的是一台简单的家用车。对浓缩咖啡机的选择也没什么不同。需要高流速吗？萃取咖啡的同时要打出牛奶吗？如果答案是肯定的，那就买一台双锅炉的，因为它可以保证理想的温度控制，容量也更大。如果只有简单的需求，那单锅炉足矣。

日常维护

你必须每天清洁浓缩咖啡机。每种咖啡机的具体清洁方式可能有所不同，但无论是什么型号，干净和维护良好的浓缩咖啡机都是对抗惨烈咖啡经历的有力武器。

咖啡里含有可以被挤压出来的油脂，油脂是会变质的，最好别进入咖啡杯。此外，日常清洁流程不仅有助于咖啡的风味，也可以延长咖啡机的寿命。

水

咖啡中 98% 是水，所以选择高质量的水并不是无关紧要的。即使是在比利时，每个地方的自来水质量都有可能不同。请确保使用碳酸钙和矿物质含量可控的水。

其他必需品

- **填压器：**用于将咖啡粉密实而均匀地填压进过滤器中。
- **敲渣桶：**用于倾倒咖啡渣。
- **牛奶壶：**用于打发牛奶。
- **硬毛刷：**用于清洁组件。
- **温度计：**用于控制牛奶加热的温度。
- **清洁抹布：**使用该机器的必要工具。
- **清洁产品：**用于机器的日常清洁。
- **计量秤：**用于称量咖啡。

ESPRESSO
ITALIANO
MENU
MAZZER LUIGI srl
HARIO

本图由Schuilenburg Coffee Solutions提供

饮用浓缩咖啡

为了萃取均衡的浓缩咖啡，有必要了解如何评价和制作浓缩咖啡。那么，浓缩咖啡究竟该怎么喝呢？这个问题看似简单，但回答起来可不容易。

萃取一杯浓缩咖啡，需要往过滤器（译注：或称作粉碗）里填压大约 20 克研磨极细的咖啡粉，再让热水快速通过咖啡粉床。最终你会得到 20 ~ 30 毫升的咖啡，这杯咖啡大部分是黑色的液体，上面有一层厚厚的、有弹性的、深棕色到红色的油脂层，或者说咖啡油脂（crema）。咖啡油脂——这很重要——只是咖啡里的油脂和不可溶物的集合。这层咖啡油脂里含有的苦味元素对于这杯咖啡风味的平衡是必要的。人们常犯的一个大错是在萃取后立即饮用浓缩咖啡。如果这么做，你首先并且唯一能尝到的只有咖啡油脂，所以也只能尝到苦味。因此，重要的是先摇晃或搅拌一下，直至咖啡油脂融入咖啡中，成为一个整体。通过将咖啡不同的成分融为一体，你才能获得咖啡完整的风味。

浓缩咖啡应该像糖浆，就像热蜂蜜，结构很厚重，上面还应该有一层美丽的、厚厚的深棕色至红色的咖啡油脂。

本图由Schuilenburg Coffee Solutions提供

Spirit

萃取浓缩咖啡

和主要利用重力的过滤式咖啡不同，萃取浓缩咖啡时，热水在压力下通过咖啡粉进行萃取。这种压力可以做到重力无法做到的事：压出咖啡里的油脂、糖类和脂肪。这造就了浓缩咖啡标志性的浓郁而复杂的风味，以及天鹅绒般厚重的结构。

我们在之前已经说过，本书的目的并不是详细介绍浓缩咖啡的萃取方法，以下只是一些基本的规则。

- 浓缩咖啡机的温度需达到 92～93℃。

- 过滤手柄需用干布清洁。这么做不只是为了去除残留的咖啡，也可以让下一次萃取时保持干燥。如果手柄是湿的，水会沿着潮湿的内壁流下，导致咖啡粉床无法整个同时被萃取。

- 研磨咖啡，填入过滤器。注意把研磨机调整到准确的位置（参阅第 148 页，调整研磨机）。

- 用拇指和食指抚平咖啡粉，避免出现高低不平的情况。这样也能确保咖啡粉均匀地分布在过滤器内。

- 用拇指和食指去除过滤手柄周围的咖啡粉。残留的咖啡粉会让手柄在装入咖啡机时无法密合。

- 均匀地按压咖啡粉，形成水平的表面，便于水的渗透。这一点非常重要！

- 在把装有新鲜咖啡粉的过滤手柄装入咖啡机时，需要先冲洗咖啡机，以去除残留的咖啡。如果看一下咖啡机内部，会发现在冲洗前里面满是残留的咖啡。

- 清洁承托咖啡杯的托盘，避免咖啡杯外壁变脏。

- 把过滤手柄装入咖啡机后，立即按下按钮。立即按键非常重要，可以避免咖啡过苦。

- 把咖啡杯放在过滤器出口下。

- 观察两股流下的液体。它们必须经历三个阶段：一开始它们必须是细细的，呈深棕色的，就像融化的巧克力；接下来水流变粗，颜色微微变浅（深色蜂蜜的颜色）；一旦液体变得明亮，像水一样，就立即停止。此时咖啡中所有正面的风味都已经被萃取，继续萃取无助于提升咖啡的风味。

- 从按下按钮那一刻算起，浓缩咖啡应在 20～30 秒内流入杯中。杯中咖啡的容量在 20～30 毫升，取决于你所选择的强度。

- 饮用前晃动咖啡杯，并用勺子搅拌。

60 ml
30 ml

排除故障：持续时间过短

检查咖啡粉饼，也就是过滤手柄中残留的咖啡渣。如果萃取方式正确，它会呈完美的饼状。如果粉饼是湿漉漉的，表示你放入过滤器的咖啡粉太少了，在这种情况下请增加咖啡粉的克重。如果粉饼是干的，手柄里装满了咖啡，就不能再增加克重了，而是应该把咖啡粉磨得细一些。通过磨细，咖啡粉会更致密，水也会更加难以通过，导致萃取的持续时间变长。

故障排除：持续时间过长

这种情况的成因是咖啡粉放得过多，或者被研磨得过细。依然请检查咖啡粉饼。如果粉饼是湿的，就说明咖啡粉被研磨得过细，你可以把研磨机调粗一些，这样可以磨出体积更大的咖啡粉，但由于颗粒变大，水能更快通过。如果粉饼是干的，手柄也完全被塞满了，就请少用一些咖啡粉。

调整研磨机

研磨机对一杯浓缩咖啡的品质影响巨大，这个因素经常被低估。研磨机很大程度上决定着浓缩咖啡萃取的持续时间，如果磨得太粗，水就会太快通过咖啡粉床，无法萃取出全部的风味。结果显而易见：乏味、带有负面酸味的浓缩咖啡。磨得太细，持续时间就会过长，做出的是萃取过度而发苦的浓缩咖啡。如果你确定持续时间不是在 23 ~ 30 秒之间，那么绝对有必要调整你的研磨机。

浓缩咖啡故障排除				
如果萃取时间		检查咖啡粉饼		解决方法
少于 23 秒	→	如果是湿的	→	增加克重
		如果是干的		磨细
多于 30 秒	→	如果是湿的	→	磨粗
		如果是干的		减少克重

- 每次只调整一个因素。不要同时调整克重和研磨度，否则只是徒劳。

- 如果调整了克重，从下一杯咖啡中马上就能看到结果。但如果是调整研磨度，刀片中有可能还残存着上次研磨的咖啡粉，在这种情况下，可能需要萃取几杯咖啡，才能看出研磨度调整后的结果。

- 确保研磨机的料斗至少被填满三分之二，否则每次研磨出的咖啡粉会太少，因为料斗中的咖啡豆重量不足。

- 品尝！品尝！品尝！最重要的是品尝你的成品，并对它进行评价。

为什么要使用双份过滤器？

每台浓缩咖啡机里都会配有一只单份过滤器和一只双份过滤器。单份的是用于萃取一杯浓缩咖啡的；双份的则是用于萃取两杯浓缩咖啡，或者一杯双份浓缩咖啡。

然而，你其实不可能用这两种过滤器萃取出同样的浓缩咖啡，原因就在于过滤器的结构和咖啡粉的分布。单份过滤器的边缘是向中心倾斜的，所以咖啡粉会集中在中部。双份过滤器的边缘是垂直向下的，水会笔直地分布和通过咖啡粉床。换言之，水通过咖啡粉床的方式是完全不同的。此外，在使用双份过滤器时，所有的水都会通过双份的咖啡粉，所以萃取程度会比用单份过滤器时高很多。用单份过滤器萃取的浓缩咖啡风味上的强烈程度要低很多，所以专业的咖啡师只用双份过滤器。

风味评价

正如前文所述，浓缩咖啡追求的是酸质、甜味和苦味之间理想的风味平衡。当然你也要考虑到所使用咖啡豆的特点。品尝是非常重要的，如果你对成品感到不满意，请仔细阅读以下这张清单。

风味过酸

- 持续时间过短：参阅第 148 页。

- 水温过低：水温必须保持在 92 ~ 93℃。

- 过滤手柄温度不足：在萃取开始时，检查过滤手柄是否够热。把过滤器手柄装在咖啡机上，或者把它倒过来放在咖啡机上保温。

风味过苦

- 持续时间过长：参阅第 148 页。

- 水温过高：如果温度高于 93℃，咖啡就有被烧焦的风险，并导致苦味。

- 咖啡机不干净：检查咖啡机是否干净。是否冲洗清洁了咖啡机的上部？每天是否把过滤器手柄清洁干净了？

- 不新鲜的咖啡豆：检查咖啡豆的烘焙日期。最好在烘焙后 1 个月内使用它。

牛奶

没有什么比一杯完美的卡布奇诺更适合用来款待你的客人或留住顾客了。但那层完美的奶泡该怎么做呢？优质的奶泡应该是厚厚的，如丝般柔滑，呈奶油状，并且是甜的。气泡、过热的牛奶或者已经太干的奶泡都是不好的。

牛奶背后的科学

牛奶含有脂肪、蛋白质和糖类。蛋白质中的一种成分是乳清，而这正是让打发牛奶呈现美丽的不透明奶油状效果的神奇因素。通过打发牛奶，牛奶中的蛋白质会凝结，并产生坚实的奶油状物质。需要了解的是，这种凝结大约在 40℃ 时发生。

为了做出空气感的奶泡，需要在牛奶中加入空气，这是通过打发牛奶做到的。所以，打发必须在最高 40℃ 前开始，并在温度达到 40℃ 后继续打发，直到牛奶形成坚实干燥、难以和浓缩咖啡混合的泡沫。因此，你最好用冷壶和冷牛奶开始这个流程，这样在温度达到 40℃ 以前，你可以有更多的时间。

当然，对于一杯热饮而言，40℃ 并不是适宜的饮用温度，牛奶的最终温度会更高。但是，在 70 ~ 75℃ 之间，奶泡会坍塌，只剩下像水一样不稳定的牛奶。高于 75℃，牛奶会焦掉，甚至能闻到焦味，也失去了甜味和奶油效果。

打发牛奶

- 从在冰箱中取出冷牛奶开始，并用冷的奶缸装奶。
- 优先使用巴氏杀菌的新鲜牛奶，而不是超高温瞬时灭菌奶（UHT）。
- 奶缸中的奶量不要超过一半。
- 准备浓缩咖啡，让牛奶和咖啡同时做好。
- 将蒸汽管通气，并用湿布清洁。
- 手持牛奶缸，与工作台保持平行，注意把蒸汽喷嘴放在牛奶里。
- 把牛奶向左或向右倾斜 15 度，在牛奶缸中形成一个角度——蒸汽喷嘴不在正中。
- 把蒸汽完全打开。
- 通过把蒸汽喷嘴放在奶缸的壶嘴处来确保稳定性。
- 平稳地向下移动奶缸，让空气进入牛奶中，并打发牛奶。
- 现在蒸汽喷嘴接触到牛奶的表面，如果进展顺利，你会听到咝咝声。
- 蒸汽喷嘴中喷出的空气会撞击牛奶缸的缸壁，并形成规则的涡流。
- 保持奶缸静止，所有的动作必须尽量平缓和可控。
- 用一只手抓住奶缸，以便另一只手可以检测奶缸壁的温度。
- 一旦温度达到 40℃，几乎不再增加空气，但牛奶会继续形成纹理。
- 用手碰触奶缸来感知温度。一旦奶缸摸起来过烫，温度就已经接近 70℃，请立即关掉蒸汽。在开始时请使用温度计来控制温度，慢慢地你会学会用手掌来控制它。
- 放下奶缸，用湿布清洁蒸汽管道，关闭蒸汽，确保蒸汽管道的底部没有牛奶残留。
- 在坚硬的表面上轻敲奶缸，以使粗气泡破裂。如果蒸打技术纯熟，就无须这一步。
- 以流畅的动作摇晃缸中的牛奶，使其表面光滑，你会看到牛奶的表面闪耀着美丽的光芒。
- 如果温度高于 75℃，这些微小的泡沫会失去稳固性，甜味和纹理都会消失。此外你的顾客也会被烫到舌头，这当然不是我们所希望的。所以请控制好温度。
- 最常犯的错误其实是打发的温度不够。所以不要总以为自己牢牢掌控着温度，而是要经常用温度计检测。
- 75℃以上，蛋白质会被完全破坏。
- 最后但并非不重要的是：享受你的成品！

有其他专业解决办法吗?

花钱让你的咖啡师进行培训，是提供美味的卡布奇诺的方法之一。当然这需要钱和时间。某些情况下，另一个选择会更好。假设你有一家很大的餐饮企业，工作人员众多，有打工的大学生、临时员工……把人人都培训成咖啡师几乎是不可能的。在这种情况下你需要别的更合适的解决方法，比如 O2 这种最近面世的机器。

O2 是什么?

由于采用了一种非常先进的技术，这台机器次次能打出完美的奶泡。O2 可以自动识别饮料的类别和数量，并基于这些信息，自行模仿咖啡师的动作。这台机器的优势是，提供完美的卡布奇诺不再 100% 依赖于咖啡师的技巧，此外每次的奶泡从厚度到温度都是一样的，被控制得很好。但除了稳定性、一致性和不再依赖人的表现外，使用这台机器也面临着一些挑战。它的价格当然无法被忽视，此外，O2 打出的奶泡还需要被倒入浓缩咖啡里，倾倒的技术对于最终成品一样重要，所以这台机器只完成了一部分的工作。顶级咖啡师当然更愿意自己手动制作奶泡。每个咖啡师都会承认，在完美掌握这项技术前，你需要制作很多杯卡布奇诺。在忙碌的时刻，O2 可以接管一部分工作。每家餐饮企业都需要自行选择最适合自己的解决方法。

拉花

首先，如果你想对你的顾客说“谢谢你来我们这里喝咖啡”，那么拉花是一种很好的方式。它也是你在家为客人带来惊喜的好方法。你可以用拉花把一杯卡布奇诺变成一杯漂亮又美味的饮品。还有，拉花可以让咖啡师为卡布奇诺打上个人的烙印。拉花也是你展示技巧的途径，不过这需要耐心和大量的练习。此外，只有用完美打发的牛奶和完美萃取的浓缩咖啡才能做出成功的拉花。

在能给每一杯卡布奇诺拉出心形、郁金香或其他图案前，你需要很多练习。首先别太快丧失信心。一定要坚持，因为每位咖啡师在掌握这项技术前，都拉出过很多糟糕的图案。还有，坚持练习，磨炼技术，保持水平。

入门

以下这些基本技术可以让你稍微了解一下拉花。

- 对于图案而言，保留浓缩咖啡深棕色的表面是很重要的。如果把奶缸举得较高，在重力的作用下，牛奶会潜入咖啡油脂层以下。平缓而流畅的倾倒可以让表层咖啡油脂的棕色得以保留。如果奶缸举得不够高，倒入时离咖啡杯太近，奶泡就会浮在浓缩咖啡的咖啡油脂层上，绘图也就无从谈起了。如果倒得太猛，牛奶潜入咖啡油脂层以下后，会撞击杯底并回到咖啡的表面。它会和表层的咖啡油脂混在一起，破坏你的设计。所以我们想给你的信息是：练习吧。

- 如果咖啡杯中牛奶的量达到了一半，咖啡油脂层就会被打破。此时要把奶缸的缸嘴尽可能贴近浓缩咖啡的咖啡油脂层。换言之，此时你不再利用重力。这样牛奶不再位于咖啡油脂层之下，而是浮在咖啡油脂之上。牛奶中的液体——较重的部分——会沉在咖啡油脂之下。

- 之后就可以绘图了。重要的是用棕色的边缘，也就是咖啡油脂来包围图案。这样你在啜吸卡布奇诺时，尝到的肯定是咖啡加牛奶。如果没有棕色的边缘，就说明卡布奇诺里的牛奶加得太多了，导致牛奶的风味占据了上风。

绘图

心形

- 用惯用手持奶缸，另一只手持咖啡杯。

- 轻柔地举起咖啡杯，直到浓缩咖啡快要流出杯子。用这种方式，你可以在咖啡杯中制造出一个比较宽大的工作面。

- 平缓而流畅地把牛奶倒入咖啡杯，利用重力，让牛奶潜入咖啡油脂以下。重点是掌握好倾倒牛奶的力度。

- 一旦咖啡杯半满，就立即把奶缸放低，并让缸嘴尽可能地靠近咖啡油脂。

- 随着咖啡杯不断变满，逐渐把它摆回水平位置，以防咖啡洒出。

- 现在奶泡已经浮出表面，形成了一个白色的圆圈。

- 一旦咖啡杯快满了，用倒出的牛奶画一条直线，并穿过白色的圆圈，将这个圆圈变为心形。在一边倾倒牛奶，一边画出穿过图案的直线时，把奶缸向上移动，这样你倒出的牛奶会越来越细，画出的直线也会向着心形尾部的方向越变越细。

心套心

- 按上述步骤开始工作，不过从白色圆圈的步骤开始，你就要缓缓地左右摆动奶缸。这样心形的白色条纹间就会出现棕色的咖啡油脂条纹，并创造出“心套心”的效果。

叶子

- 用惯用手持奶缸，另一只手持咖啡杯。

- 平缓而流畅地把牛奶倒入咖啡杯的中央，利用重力，让牛奶潜入咖啡油脂以下。重点是掌握好倾倒牛奶的力度。

- 一旦咖啡杯半满，就立即把奶缸放低，并让缸嘴尽可能地靠近咖啡油脂。

- 现在奶泡已经浮出表面，形成了一个白色的圆圈。

- 从左至右摆动奶缸，同时轻柔地将它移动至咖啡杯靠近你身体的一侧，这样图案就被拉长了。注意，奶缸的缸嘴要尽可能靠近咖啡油脂，以获得明显的对比。

- 一旦咖啡杯快满了，并且奶缸已经完全被移动到咖啡杯靠近你身体的一侧，就用倒出的牛奶画一条细线，并穿过图案，直达咖啡杯的另一侧。这样你就画出了叶片的脉络。

可能出现的错误

- 牛奶太稀薄，未能形成奶泡，导致很难画出图案。

- 牛奶太浓厚，这意味着牛奶被打发的时间过长。在这种情况下，倒出的牛奶流太粗，无法画图。

- 对比不明显，这意味着奶缸的缸嘴离咖啡油脂层太远。

- 如果摆动奶缸时动作太快，倒出的牛奶就来不及形成图案。所以不要摆动得太快，让牛奶流有足够的时间形成图案。

- 如果倒得太小心，牛奶流会太细，只有牛奶中的液体成分能够被倒进杯里，而较厚的奶泡则留在了奶缸里。这是初学者常犯的错误。

- 手持奶缸时的角度决定了你倒出牛奶流的粗细。倾倒时奶缸越接近水平放置，倒出的牛奶就越厚。奶缸越接近竖直或垂直放置，倒出的牛奶就越稀。所以秘诀在于找出恰当的方式。

误解

大家的心中肯定还存在着很多误解，近年来的咖啡炒作有可能也助长了这些误解的产生。

“最好的咖啡来自意大利！”

在人们能够让任意一种咖啡豆生长在意大利之前，先得彻底改变意大利的气候，除非是把咖啡树种在客厅里。所以，并不存在意大利咖啡。这种误解从何而来？意大利在咖啡届的盛名得益于那里生产的各种卓越的工具。很多意大利的产品都名列全球最佳咖啡研磨机和咖啡机名录中，至今仍是如此。浓缩咖啡文化诞生于意大利，当时我们这些身处欧洲北部的人还只了解过滤式咖啡文化。直到几十年前，浓缩咖啡文化才开始传播到世界各地。所以，制作浓缩咖啡的知识确实是传自意大利。

在意大利，一杯咖啡依然符合着以下标准：强烈、苦、萃取时间短、便宜，还加入了超级多的糖。在不同的地区，你有可能会得到一杯100% 由罗布斯塔豆制成的浓缩咖啡（南部），或者由 50% 阿拉比卡豆和 50% 罗布斯塔豆混合制成的浓缩咖啡（中部），你甚至有可能在意大利北部得到 100% 由阿拉比卡豆制成的浓缩咖啡。所以，你没必要为了最好的浓缩咖啡前往意大利。

“麝香猫咖啡豆是世界上最好的咖啡豆。”

麝香猫咖啡豆是被麝香猫吃下的咖啡豆。麝香猫是印度尼西亚一种原本野生的像猫的动物。因为咖啡豆外包裹的果肉就像水果，所以麝香猫会吃咖啡樱桃。咖啡樱桃里的咖啡豆会混在麝香猫的排泄物里被排出体外。

起初种植园的居民会收集这些排泄物里的咖啡豆，人们认为这些咖啡豆比印度尼西亚生产的其他咖啡豆更加美味。这是为什么呢？麝香猫在吃之前已经做了选择，它只会吃成熟的，也就是甜的咖啡樱桃。所以排出的咖啡豆也更成熟，当然比一些被采摘的未成熟的咖啡樱桃品质要好。此外，当时的咖啡加工也不如今天精细。

但现在情况已经发生了很大的改变。麝香猫咖啡最初是非常稀少的，因为只有野生的麝香猫会吃咖啡樱桃。于是一些商业公司开始捕捉和圈养麝香猫，目的是每天只让它们吃咖啡樱桃，收集它们排出的咖啡豆，再把这些咖啡豆卖出天价。这是一本万利的生意，你要知道喂给麝香猫的都是些劣质的咖啡樱桃，根本不值钱，却能在通过麝香猫的肠道后，变为价格昂贵的咖啡豆。

然而，全世界仍然到处在卖这种咖啡豆，把它们作为最昂贵和最独特的咖啡品种卖给不知情的消费者……

“咖啡师？就是那种在卡布奇诺上画心的人吧？”

卡布奇诺的拉花图案常常非常吸睛，令人印象深刻，特别是当你作为外行，自己在家尝试，想在卡布奇诺表面画出图案的时候。这确实需要练习。然而咖啡师可不仅仅是能画出图案的人，事实上，这种职业存在着两个不同的分支。

除此之外，萃取一杯完美的浓缩咖啡，比做出漂亮的卡布奇诺更需要技术。顶级的咖啡师了解他的咖啡，了解准备流程，懂得流程中对咖啡豆可能产生的风味方面的影响，懂得烘焙流程，并可以立即选出合适的萃取方式，以获得这种咖啡最佳的风味。当然，他也能做出一杯完美的卡布奇诺。

“咖啡就得又黑又苦！”

又是一条都市传说。不，咖啡不必是黑的。还有，烘焙良好的咖啡是棕色的。

那么，为什么你总是得到颜色特别黑的咖啡呢？因为你在超市里购买的是商品化的、经过工业烘焙的咖啡，都被烘焙得太深、太黑（烤焦）了。所有的香气和风味都被烘焙坏了，留给你的只有焦味和黑色。

目前，很多咖啡馆都用玻璃壶提供慢咖啡或过滤式咖啡。你会立即发现，这些咖啡的颜色可能相当的浅。这种较浅的颜色有时会让顾客认为，这些咖啡是否含水量过高。但在品尝后，他们往往会惊讶于其丰富的香气和风味。这可以与烹饪菲力牛排相比。你在烹饪菲力牛排时也不会烧得太久，否则肉的味道都被破坏了，咖啡也是一样。精品咖啡永远都不应该被烘焙得过重。

咖啡必须是热的？你会发现，温度下降后，过滤式咖啡的风味会变得更明显。这很符合逻辑，因为过热的咖啡会让你的味蕾麻木，能尝出的风味会少很多。此外，咖啡中的一些风味也需要更多的时间才能释放（参阅第 94 页“慢咖啡或过滤式咖啡”）。

咖啡
经营

SUGAR

从苹果公司到咖啡

从苹果公司到咖啡，这正是我本人十几年前的经历。不是个理所当然的选择，不过嘛……十几年前，也就是在 2001 年，我的伴侣建立了 OR 咖啡烘焙。那时还没有咖啡师培训和咖啡训练班。我们花了一段时间来寻找发展的方向，发现当时精品咖啡的潮流正在兴起。因此我们认为，单纯的咖啡烘焙是不够的，于是决定在根特开设我们的第一家咖啡馆。我从苹果公司辞职，加入了 OR。当时苹果公司刚发布了第一款 iPhone，人人都想去那里上班，我却从那里离开了。我必须得有很好的理由……

当我对我的同事们说我想开咖啡馆时——这在当时的比利时还是个很陌生的想法——我得到的反应是：“什么？你辞职就为了开酒吧？”“不不，我不是要开酒吧，而是咖啡馆，在那里你可以喝到各种方式萃取的咖啡……”“为什么？那不就是茶室吗？”从某一刻起，我决定不再解释，而是邀请所有人去参加开业典礼。

开设咖啡馆是我们做过的最好的决定。如果你也想过开家自己的店，也许会觉得上面的故事颇为似曾相识。

如何开始？

最常见的问题是：“现在的咖啡馆是不是太多了？就像雨后的蘑菇一样，从地里一个接一个地钻了出来”……事实上，如今好咖啡馆还是太少。虽然你在每个城市的每个街角都能喝到咖啡，但遗憾的是，这些咖啡并非总能符合你作为咖啡爱好者的期望。

所以，精品咖啡馆并没有过剩。此外，咖啡馆这个群体里也存在着多样性，就像餐馆。如果你明天打算外出就餐，你会去的地点很有可能是一个你知道能提供多种选择的地方。你不会总在同一家餐馆里吃饭，也不会总在同一家咖啡馆里喝咖啡。世界上到处都在开设不同风格的咖啡馆，从流行咖啡馆、主流咖啡馆、咖啡馆概念店，到只提供有限选择的纯粹主义咖啡馆。在美国有只提供冷萃的咖啡馆。随着咖啡市场的发展，你将看到咖啡馆的种类愈加多元化。

如果你的第一个问题是想问，你的咖啡馆还有没有生存空间，答案是“有”！但是，当然得说但是，你不能不假思索就开店，还妄图能保证成功。接下来几页中，你会看到一些重要的问题，你必须用这些问题问问你自己，才能制订出正确而有成功机会的计划。除了这些问题，还有几点，是我在开始经营时觉得非常重要的。

1. 勇气

当你开始做一件新的事情时，肯定有过被周围人的“好心建议”包围的经历：“你能行吗？”“你要为此放弃你的固定工作吗？”当然他们是好意。考虑一下他们的意见也很好。到了某个时刻，你就能够回答这些问题了。你做完了你的功课，你知道风险是什么，你分析了这些风险，你知道你计算了所有要承担的风险，你和银行（重要的合作伙伴）、会计师都讨论了你的详细计划……从那时起，你就应当鼓起勇气、敢于前行，并相信你的计划。

2. 榜样

寻找一位榜样，一位能给予你灵感的人，一位体现与你经营方式相同的价值观和规范的人。这个人可以来自相关行业，也可以来自完全不同的行业。接下来，要敢于和你的榜样交谈，并保持联系。8 年前，我非常钦佩阿兰·库蒙特（Alain Coumont，法语）和每日面包（Le Pain Quotidien，译注：法语，一家餐饮企业）。我们与之相关，但是又完全不同，因为我们从未想过要打造连锁店，但这个男人成功地在全世界发出了同样清晰的信息，仍给予了我灵感。我辗转联系上了每日面包在纽约的总裁（CEO），几周后，我们带着一堆问题来到他位于百老汇的办公室。他给了我们一小时的时间，这是我人生中收获最大的一小时。

3. 坚持

容易吗？不，当然不容易，否则每个想开咖啡馆的人都能开上一家了。万事开头难，但那实际上是上天给你的礼物。犹豫、无眠夜，都是这个礼物的一部分。人人都经历过，这些都是有益的。它会让你如履薄冰、保持警惕，让你不会打瞌睡，始终保持思考、不断完善，并最终达成正确的观念。坚持可以淘汰掉那些一遇到挫折就放弃的人，留下那些合适的人，即那些从失败中学习、寻找答案武装自己的人。

4. 保持耐心

你很有热情，这是必须的。在创业的准备阶段，你的兴趣和热情只会越发高涨。到了开业那天，你的朋友们都来了，店里满是好奇的人。然后……突然，一切仿佛都停滞不前了。保持耐心。想想看，你是为咖啡饮用者服务的。这些目标人群现在很有可能已经在喝咖啡了，不是在你这儿，因为你的店还没开业。所以他们是在别的什么地方，也许是在自己家，也许是在不好的地方但别无他选，也许是在你的竞争对手那里，也许不太频繁……但不管怎么说，没人真的在期待你开业。这意味着你在开始阶段会经历起落。你会依赖经过你门口的行人、天气、时节……很正常。想想如果你自己是消费者会怎么想。假设城里新开了一家店，你也不会立即前往。当你听人说起那家店时你会想："好吧，下次如果到了那附近，我会去那家店看看的。"接着照常生活，想完就忘了。直到某一天，你真的到了那附近，还正好有时间，但此时或许已经过去 2 个月了。所以你自己开业时，也会渐渐有顾客的。此外，慢慢开始也有好处，你可以让自己或团队熟悉工作，安排好一切，完善菜单，让店里的流程更加理想……

5. 坚持路线

当然，你可以并且应该接受质疑。一方面，顾客的意见、评论和反馈都是给你的礼物！他们可以帮助你完善业务的细节。另一方面，不忘初心也很重要。不要为不理解的事情浪费精力，你懂的。如果你做了充分的准备，坚信你的观点，也已经计算了可行性，你就得给你的事业发展的时间。一家新的咖啡馆开业时都是起起伏伏的。你是从零开始，没有固定的顾客群，你得赢得顾客，这就需要时间。成功赚钱的咖啡馆的秘诀就在于固定顾客的数量。一旦固定顾客成为你主要的收入来源，你的咖啡馆就会凭借日常销售额而变得更加稳定。你会慢慢成为顾客日常生活的一部分，这样你就会减少对外部因素，诸如天气、时节、行人等的依赖。这个过程一般需要 1 年。所以，你每天、每周、每月都要进行评估，但也得给人们时间，让他们发现你的店。

因此，不要在几周后就陷入焦虑。在潜在顾客花时间了解你的店之前，不要急于改变你的想法。开店时间也是一样。在一周或一天中的某些时刻，你从一打开店门起就会忙得团团转；而在另外一些时刻，店里一开始空无一人，慢慢地才有顾客出现。不要立刻改变开店时间，要给你的店和你的顾客群时间，让他们能够发展。

6. 支持者

确保你身边有伴侣或家庭支持你的事业。即使你的伴侣从事着完全不同的工作也没关系，他或她会感受到创业对你的影响。回想我们创业之初，我相当确定，如果我们不是 100% 目标一致，早已分手好多次了。当你感到绝望时，能够回到家，在那个温暖的"巢穴"里，有人愿意倾听你的诉说，支持着你，鼓励着你，让你能够轻快地重新回去工作，那将是非常有价值的！

◇◇◇◇◇◇

生活从咖啡开始。

◇◇◇◇◇◇

具体说来，如何开始？

1. 什么

一旦你开始计划开一家自己的店，必须问自己最重要的问题，就是：那会是什么？你必须能用一个简练的句子来回答这个问题。如果你在解释自己对生意的理解时都需要过多的说明，你未来的顾客就更不可能理解它了。我的营业额的绝大部分是不是来源于咖啡？菜单上其他重要的商品是什么？我是把自己的店定位为咖啡馆、供应咖啡的午餐吧、早餐店、咖啡创意店，还是别的？

- 你的企业的目标是什么？是扎根于本地的小店，还是发展后，会去别的地点开分店？

- 你的经营理念是什么？什么是重要的？比如持久性、可追溯性、顾客服务……

2. 为谁

谁是我的目标人群？你必须对目标人群有明确的定义和清晰的描述，而不能是所有人。目标人群决定着你计划的其他部分：位置、内部装饰、员工、音乐、菜单、开店时间……要勇敢地选择有着清晰界定的目标人群。

3. 哪里

非常重要的是，我该把店开在哪里？这一点和前面一点密切相关。如果你的目标人群是大学生，你就得把店开在大学生聚集的区域里，或在那附近。

赚钱的咖啡馆重要的成功因素之一就是地点。地点！地点！地点！（译注：重要的事情说三遍）你常会听到开始创业的人对房租感到犹豫，因为房租确实取决于地点。让我们来算一笔很简单的账。

假设，你在市中心的顶级位置找到了一间租价人民币约 20 000 元的房子。而就在这个街角后方 100 米的位置，在主路旁的小巷子里，也有类似的房子出租，面积一样，房租只要人民币约 12 000 元。很多时候，人们在那一刻会认为，后者是一个比较安全的选择，毕竟只差了 100 米的距离，而你每个月就能少交人民币约 8000 元。没错，但是即使是 100 米也太远了！小巷子里的行人会少很多，你得花上多得多的力气，用别的某种方式和你的目标人群交流，才能让他们注意到你的店。除此之外，假设你每个月开店 25 天，那么每月这多交的人民币约 8000 元平均到每天只有人民币约 320 元。如果你的店在顶级位置，这点钱真的不算什么。

当然，不是只有城里最繁忙的街道才算是顶级位置。对你的咖啡馆来说，什么是顶级位置，取决于你的店的风格。对于主流咖啡馆而言，最佳位置当然是城里的 3A 地点。只想提供慢速冲煮的纯粹主义咖啡馆，则需要寻找只有特定人群会去的地点，比如在一个进步社区，周围满是独一无二的精品店……

4. 经营理念

你的企业的经营理念会是什么？你想扮演创新者的角色吗？你会不会妥协？你重视你产品的可追溯性或持久性吗？以正确的方式售卖咖啡对你而言重要吗？你如何看待各个利益相关者（供货商、顾客、员工等）？和附近有可能存在的其他咖啡馆相比，你的独特定位是什么？你想位于品质阶梯的哪个位置？你在价格方面的定位是什么？……

你是计划盘下一家店，还是准备从零开始？现成的店的优势是已有许可证、工具、设备、顾客群等。但另一方面，也需要考虑到接手时现有租赁合同的剩余时间、店被转让的原因、周边区域未来的发展……

5. 你的商业计划书

这听起来很无聊，其实并非如此。此外这也是人人在开业前必须要有的练习。你不仅需要满满的热情，也必须有经济方面正确的计划，否则这就只是个兴趣爱好，持续时间很有可能也长不了。我们并不是要写一本企业管理的书，但我们还是总结了一些问题，需要你作答。

- 你可以支付多少租金？
- 你每天要卖出多少杯饮料？
- 你需要做出哪些选择？
- 你需要多大的面积？
- 是否雇佣工作人员？
- 管理步骤
- 资金
- 投资
- 员工

工作人员

一个你必须要考虑的问题是："我是自己单干，还是需要一个团队？"这是一个关键的问题，我个人认为，人们对这个问题常常考虑不足。很多人认为雇佣工作人员需要花钱。对，也不对。没错，你当然得花钱雇佣员工，比利时和荷兰的工资还不低。但员工也给了你更多的可能性。

不要低估开一家咖啡馆，并且自己独立运营意味着什么。你会主动去寻找足够小的店面，以便你自己能够单独应付。你的生意也会 100% 取决于你每日的工作，而你很快就会发现，由于面积太小，你的利润也不足以让你雇佣员工。很好，你可能会想，因为我就喜欢全盘掌控，我自己做得也最好，不是吗！真的如此吗？我们精品咖啡馆如今身处的咖啡利基市场是不断革新的，保持对这个市场的了解是非常重要的，但是如果你一周有六天都在店里从早到晚地供应咖啡，是没办法不断获得新的、充满活力的、闪闪发光的想法的。毕竟你是在做生意，最后一名顾客不离开，你的工作就不会停止。此外，还有一大堆的管理工作：订购、支付、新菜单、维护社交媒体、市场营销……

所以，你的考虑有必要带有前瞻性，也有必要考虑到，在开业之后，你偶尔也需要脱离咖啡馆里的日常工作，花些时间为你的店做一下更大的规划。在那些时刻，你是领先于眼前，建设你的事业的未来。你会惊讶于，稍微脱离一下日常工作，你能得到多少灵感。因此，我建议你在开始时，选择在未来能给你更多可能性的店面。

接下来要说员工。也许某一天你要进行你的第一次招聘，在这方面你也可以采取两种方式：或者你可以把自己视为独一无二的存在，即你的员工可能会做任何你想做的事情；或者你的员工可以做你选择不做的事情。很有可能你会遇到一个变化很大的团队，更有可能的是，某一天你也成为不断抱怨着"员工，简直是一场灾难……"的个体经营者中的一员……

我本人是相反模式的坚定支持者。每当 OR 要开发新的活动时，我们都会马上问自己："谁能接替我的工作？"立即找好后备人员，看看一次新的挑战、一个新的阶段对一名员工意味着什么，这立即可以让你随时过渡到下一步的发展，只要你愿意。

在第二种情况下，你需要为员工和人员培训投资。好吧，我已经听到你内心的声音了：如果之后他们跳槽去竞争对手那里怎么办？这肯定会发生，但如果你不为他们的发展投资，他们跳槽的概率更大。人人都想成长和学习，如果你不对他们设限，他们跳槽的理由就要少很多……

所以培训是必要的。首先，有可能发展为咖啡师的员工需要接受咖啡培训。当然，接受了这样的培训也不会立即变成咖啡师。咖啡师培训需要经过很多阶段，作为咖啡师，真正入门可能都要 1 年。到那时，你已经做好了进入下一阶段的准备，可以用一次前往原产地的旅行锦上添花。

你可以浏览网页、阅读博客、研读书籍，但在咖啡种植园里获得的知识是无价的，我认为，每个专业的咖啡师或早或晚都得去一次。每个咖啡师在回程时都会发生思想的转变："我再也不会像以前那样做咖啡了。"你也会学习到更好地理解产品，得到尊重，这也是一堂关于谦卑的课，而谦卑在势利咖啡师的时代是一种绝对的附加价值。

艾略特·塞斯曼（Elliott Szechtman）和斯尔克·杨森斯（Silke Janssens），最近在布鲁日开业的咖啡馆 Cafuné 的建立者

你们最近刚刚开始经营自己的咖啡馆。这个想法是从何而来的呢？

艾略特：“在比利时或者国外开一家自己的店的想法已经有一段时间了。机缘巧合下，这个想法比预期的更早实现了。当咖啡炒作影响到我们时，我们屈服了。我们俩都不怎么了解咖啡，斯尔克甚至不喝咖啡，但我们仍然决心开一家自己的浓缩咖啡馆。我们俩几乎不怎么了解咖啡这个事实，反而让这个挑战更加有趣，也更富有教育性。”

你们有着不同的职业经历，说说看！

艾略特：“我是做销售的。我家一直（现在还是）开服装店，我也很自然地从销售干起。社会交往和帮助顾客做决定总是很吸引我。”

斯尔克：“我曾在冲浪者天堂（Surfers Paradise）负责过吧台，所以有一些餐饮业的工作经验。我在那里工作了 6 个月，之后去国外旅行了 6 个月。”

你们几乎没有餐饮业的经验。是如何开始经营咖啡馆的呢？

艾略特：“无论如何我们都想要开一间小而舒适的咖啡馆，有 30 个座位的那种。这样随时全盘掌握它就会容易些。我们俩都学得很快，也很愿意学。我们喜欢和人打交道，擅长社交，这对发展餐饮业是必要的。如果你要进入一个陌生的行业，需要考虑很多因素，但你会学到东西，并形成你自己的风格。”

你们是何时有开设自己咖啡馆的想法的？

斯尔克：“这最初是艾略特的想法。他很久以前就想有自己的店，而且很早以前就是个狂热的咖啡饮用者。”

艾略特：“对咖啡的炒作突然就出现了，而且迅速蔓延。斯尔克决定投身这股潮流。于是，我们开始计划开设自己的店，从那之后一切都进展得很快。我们忙着做准备工作，比如制订方案、写商业计划书……同时我们也在 OR 接受培训。到目前为止，这一路都非常有趣和富有教育性，伴随着许多个不眠之夜。Cafuné 会继续发展下去。”

目前你们的店已经开了几个月了。现实与你们的期待相符吗？

斯尔克：“你总是会有期待，如果这些期待实现了就会很有趣，我们的情况就是如此。自力更生的感觉，看到你的故事背后有顾客支持的感觉，是很特别的。三个人一起在桌边制定的方案成为现实，是很棒的。”

你想给同样梦想开咖啡馆的人们什么建议？

艾略特：“追随你的梦想！如果你热爱咖啡，每天都计划着用正确的方式向别人提供咖啡，那么就这么做吧，会很快乐的！制订你自己的方案，做你自己，随时愿意学习和倾听。”

你们自己的咖啡消费量如何？

艾略特：“斯尔克以前不喝咖啡……直到她在 OR 第一次喝到了真正的咖啡，新世界的大门对她打开了。”

斯尔克：“艾略特以前喝过咖啡，但从未喝过这种品质的咖啡，这对他而言也是重要的体验。他每天喝咖啡。”

你如何看待今天比利时的精品咖啡发展？

艾略特：“能看到人们就像我们做的和学过的那样，满怀激情地从事咖啡工作，我觉得很棒。比利时的咖啡世界是一小群咖啡狂人。我们都努力把这些传达给顾客，也发现这个世界还会有巨大的成长空间。咖啡不是只适合嬉皮士和寻找时髦地点的人，它是老少咸宜的消费品，人人都有权利以合理的价格享受好咖啡。”

斯尔克：“关于咖啡，人们还有很多要学的。多好呀，因为这样我们就能展现我们的热情，让他们满怀激情地了解精品咖啡。”

你在开始经营咖啡馆时，遇到了哪些困难？

艾略特：“开店既有有趣的一面，又有没那么有趣的一面。这需要时间和自信，不过如果你现实地考虑到方方面面，你很快就会拥有自己的店。我们做了很多管理工作，才能把房子改造成一家咖啡馆。想法可能是好的，但是正因如此，并不是有利可图的……所以要考虑到一切因素：地点、产品、目标人群、客流、理念……我们研究了每一个细节：从咖啡杯里的内容，理想的外形和颜色，到顾客进门时应该有的感受，一切都是围绕着我们的个性建立的。我们给出了我们想要呈现的，我们营造的氛围正是我们自己所寻求的。”

你如何自学更多关于咖啡的知识？

艾略特：“我们会阅读很多关于咖啡的知识，经常搜索信息。社交媒体让我们得以与全世界的咖啡馆保持联系，从它们那里，我们每天都能学习。我们在 OR 首先学到的就是：自己试！自己尝！”

你想在咖啡经营里实现的是什么？

艾略特：“我们花时间学习和发现。未来我很想再扩展一下，我的首要目标是教会人们咖啡是什么，还有一杯‘简单’的咖啡背后有多少工作。”

斯尔克：“毕竟我们每天都在自行学习，这样一切都变得很有趣，充满生机。我主要想让人们了解好咖啡。这么多人花钱买劣质咖啡是不正常的。我们和其他咖啡馆都有义务让人们了解，什么是一杯好咖啡。没有多少人知道这需要多么辛苦的工作，所以分享信息也是一项重要的任务。我向往旅行的心还在蠢蠢欲动，我也梦想着把 Cafuné 带到国外。拉丁美洲是我的第二故乡，我认为那里的本地人能享受一杯好咖啡也是非常重要的。”

你愿意参加比赛吗？如果愿意，为什么呢？

艾略特：“我们俩都很愿意参加比赛，不过首先我们要确保咖啡馆的正常运营。参加比赛是为了获得乐趣和经验。我们发现，咖啡世界里的氛围和交流是开放的，这很吸引我们：和其他咖啡师和咖啡馆经营者交流经验、分享对咖啡的热爱……”

FILTER
COSTA RICA
RWANDA
ETHIOPIE GURACHO
TEA

OR

路线图

咖啡店老板的热情分享

做本行业的好学生，从研究咖啡行业开始。前往展会、现有的咖啡馆，注册接收时事通讯，查阅网页，尽可能多地和本行业的人交谈，和烘焙厂建立联系，询问能否参加杯测，列出你想问的问题，并尽可能多地向本行业的人提问。不是所有人都能或者愿意回答你的问题，但这样你就能自行决定，对你而言什么是重要的和可行的。

1. 打造你的商业计划书

- 那会是什么？

- 写下你的计划。

- 制订财务计划，写明最糟 / 好 / 最好的情况。

---

2. 会计

寻找合适的会计，最好是有餐饮业经验的。

3. 银行

你可能需要融资，所以银行是不可避免的合作伙伴。确保在签订租赁合同前，银行已经对你开了绿灯。

4. 地点

找到合适的地点需要时间、耐心和做许多工作，但这是你在开店前最重要的任务之一。

当然，你要考虑你在商业计划书中总结的所有信息，地点的确定绝大部分取决于你的商业理念。

- 决定你想把店开在哪个地区 / 城市 / 街道 / 商圈 / 区域 / 社区。明确定义周围环境。

- 在一周 / 一天的不同时刻检查周围环境。在附近逛一逛，在一周的不同时刻计算经过门前的人数（精确计算），不要只在高峰时刻计算，因为那是片面的。按不同的区域 / 街道 / 地方追踪人数，这样你就可以清楚了解到人流量最大的地区在哪里。

- 咨询本地区未来的发展计划。也许这个城市计划改造交通、步行区、商业区……

- 决定店面的理想面积：对你而言，最少是多少平方米？最多呢？

- 列出理想店面应该满足的条件。之后你可以从中选出最关键的核心条件，以及非必要的条件（例如阳面的位置、露台、花园、楼层、存储室、学校、商店或办公楼的周边……）

- 和当地已有的商店的所有者交谈，你可以从中学到很多。他们来这里已经多久了？满意吗？什么时候生意最好？有没有上升或下降的趋势？他们是否知道有没有新的店要开？他们的租金是多少？……

- 一旦你明确决定了理想店面需要满足的条件，可以委托熟悉本地区情况和类似店面的房产中介寻找店面。

- 自己决定想租的理想店面，并自行前往查看。你永远不会知道，所有者是否计划着搬家、停业或放弃。最好的店面往往不会公开挂着“出租”的牌子，而是被幕后交易了。

- 在签约前，先检查此处是否可以开设餐饮店。如果存在不确定性，要在租赁合同里加上一条，如果你最终无法获得政府许可，合同无效。

5. 接手一家现有的咖啡馆

这肯定也是值得考虑的一种选择。你可以选择盘下一家现有的咖啡馆。这样做当然有很多好处。

首先，你已经有了基本的基础设施和许可证。此外，你也能了解这门生意的财务数据。这家店是否有利可图，当然是你显而易见的问题。即使你的想法完全不同，你也能从这家现有的店的结果中得到很多有意思的信息，比如忙碌的时刻、人员配备、食品的比例、顾客群的类型、周边环境、假期……帮助你避免一些错误的选择。

6. 时间表

你找到了店面，现在事情变得具体了，列出时间表，写明你何时需要完成何事。从找到店铺到开业，你平均需要 6 个月的时间。很多时候是取决于店面何时可用。

仔细地做好一切准备，做好计划，内部装修就会进展顺利，1 个月内就能完成。所以准备工作是很重要的。

7. 店名

你是否已经为你的店想好了名字？寻找一个合适的店名仍然要考虑到你的长期计划，确保这个店名适合你的长期计划。不要想得太小、太局限。这看起来可能很荒唐，不过，要考虑到把店扩展到国内的其他地方的可能性。如果是那样，这个店名还能用吗？不要选太荷兰语风格、太本地风格的……我还是会想到我们自己开业的时候。

我们最初是在阿尔斯特（Aalst）开的店，非常本地化，顾客来自周围半径 15 千米的区域。所以，是一家非常具有佛兰德斯特色的店。在决定店名时，一位当时拥有一家大型比利时广告公司的亲戚帮助我们找到了合适的店名。在去他的广告公司开第一次头脑风暴会议前，我们已经和亲朋好友开过类似的会了。当时想到的店名都太老套或者太简单了："小咖啡豆""咖啡时刻""小咖啡研磨机"……这时，广告公司带来了"OR"这个店名和商标。我们的第一反应是："法语，为什么？"店名和商标背后隐藏着一整套理念，他们也考虑到了未来往布鲁塞尔或者国外发展的可能性。我们觉得这个店名不现实、太夸张也太梦幻了。然而……我们听取了他们的建议，他们是对的。如今我们早已不仅在阿尔斯特，而且在布鲁塞尔和国外都有分店。

8. 开业日期

定好开业日期，在这个日期前两周通知所有参与者。这样你还有两周时间准备。让每个人都明确承诺能够在那天出现，这样就不会有工作人员的意外情况发生，比如那天无法出席的员工……

9. 产品

开始寻找合适的供应商，列出你所需要的所有产品，然后开始寻找潜在的供应商。最重要的是咖啡供应商。

10. 选择咖啡供应商

重视这一点，投入时间。

- 去他的烘焙厂，尽可能多提问题。

- 检查他在提供信息方面有多透明。

- 观察一切，不仅是咖啡豆，还有你可以期待的支持。这个供应商可以培训你的咖啡师吗？程度有多深？他会帮你选择工具吗？他会在开业阶段帮你吗？你需不需要签订合同？你和他有经济联系吗？他的咖啡豆品质如何？他从哪里采购咖啡豆？他能控制生豆的品质吗？如果可以，是怎么控制的？……

- 问每一家烘焙厂，你何时可以参加杯测或品尝？

---

11. 建筑师

如果有改建，决定是否需要一位建筑师。检查你是否需要建筑许可。申请许可一般需要 90 天时间，所以得立即开始。

12. 改建

做改建或修改计划。

13. 投资

为店面所有的投资做一份明确的电子表格。你可以从相关网站上下载所需的 excel 表格。第一张表格是你第一年的营业额组成概览。第二张表格是你的计划所需资产的组成，以及获得这些资产的来源。

14. 计划表

为所有的员工做一份计划表，列出他们需要的时间，以及他们需要完成工作的时刻。

15. 工作人员

如果你需要工作人员，就要及时招聘。决定好你所需员工的情况，这取决于你的长期业务计划。如果你想咖啡馆全年无休，自己又不可能永远在店里，那么你就需要依靠至少和你一样能运转好咖啡馆的员工。在那种情况下，你需要对员工投入时间、精力和培训。让每个准备成为咖啡师的员工接受咖啡师培训。成为咖啡师，就像成为主厨，不是一日之功。你的咖啡师需要按照他们自己的节奏和水平，经常参加培训。

16. 社会秘书处

选好社会秘书处（译注：这是比利时的一种帮助公司和企业处理行政工作的机构），和该机构合作进行员工管理。

17. 许可

- 申请所有必要的许可证和证明；
- 公司和业务单位编号：通过国家信息中心、你的会计师事务所或公司服务机构；
- 城市规划许可和餐饮业许可；
- 成立文件；
- 良好道德行为证明 / 无犯罪证明；
- 提交平面图；
- 来自食品机构的许可，可能还需要卫生证明；
- 知识产权许可；
- 消防安全证明；
- 保险：客观责任险、工作意外险、社会保险、火灾保险、民事责任险和其他有可能需要的额外保险，这取决于你的租赁合同的内容。

18. 开始咖啡师培训

尝试拥有培训的空间，可以随时进行预先练习。

19. 制定菜单

决定好你的菜单上是否要有食物，还是只提供饮品，以及你除了咖啡还需要供应什么。是否要供应酒类、茶、巧克力牛奶、冷饮等，冷饮是自制（自制冰茶 / 柠檬水），还是选择特定的品牌。

20. Pinterest（译注：一个社交网站）

建立一个 Pinterest 账户，用情绪版（mood-board）尽可能收集灵感和吸引你的风格。你可以事后再筛选。

21. 盘点

列出你需要购买的所有工具（浓缩咖啡机、研磨机、水壶、冰箱、冰柜等）。

OR COFFEE

咖啡
饮用

咖啡馆里的咖啡

“如今我可以在哪儿喝到最好的咖啡？”这个问题很可能是人人都喜欢问的。当然，这取决于很多因素，没办法简单地给出答案。除了咖啡品质的好坏，服务、环境、咖啡师、氛围和音乐等都能左右一家咖啡馆的成功。不过，作为消费者，你在拜访一家咖啡馆时，还是有一些可以注意的地方。

- 咖啡师是否了解他的咖啡，能够介绍咖啡吗？
- 是否有不同产地的咖啡可供选择？
- 咖啡的烘焙日期是否明确？
- 除了浓缩咖啡和基于浓缩咖啡制作的饮品，是否有过滤式咖啡可供选择？
- 萃取过滤式咖啡时，是逐杯萃取，还是一次萃取大量的咖啡？
- 咖啡师会检查咖啡的萃取程度吗？计时吗？
- 在萃取过滤式咖啡时，咖啡师对每种元素的测量 / 计量是否精准？
- 咖啡机是否随时保持整洁？
- 最后但并非不重要的一点：服务友好吗？

↳ Elderflower
orcoffee2013
40m

咖啡地图

没什么事情能比在世界上任何一个角落点一杯你心仪的咖啡更复杂的了。几乎每个国家对某些咖啡都有自己的定义。所以我们在这本书里，列出了准确的名称。

LATTE
FLAT WHITE
SPECIALTY TEA €5 + FREE REFILL
TRADITIONAL TEA €3,50 SEE MENU
MATCHA LATTE & CHAI LATTE €4
KOFFIE

基于浓缩咖啡所制作的饮品

这类饮品都是用浓缩咖啡机制作的，都以单份或双份浓缩咖啡为基底。

超浓咖啡（RISTRETTO）

一杯的容量为 15 ~ 25 毫升，萃取的持续时间在 25 ~ 30 秒，表面有美丽的、厚厚的、深棕色的咖啡油脂。

浓缩咖啡（ESPRESSO）

一杯的容量为 25 ~ 30 毫升，萃取的持续时间在 25 ~ 30 秒，表面有美丽的、厚厚的、深棕色的咖啡油脂。

*咖啡油脂：通过高压，从咖啡中压出的脂肪和糖类。

可塔朵（CORTADO）

Macchiato（玛奇朵）在西班牙的变形，指加入少量热牛奶的浓缩咖啡，但没有奶泡。

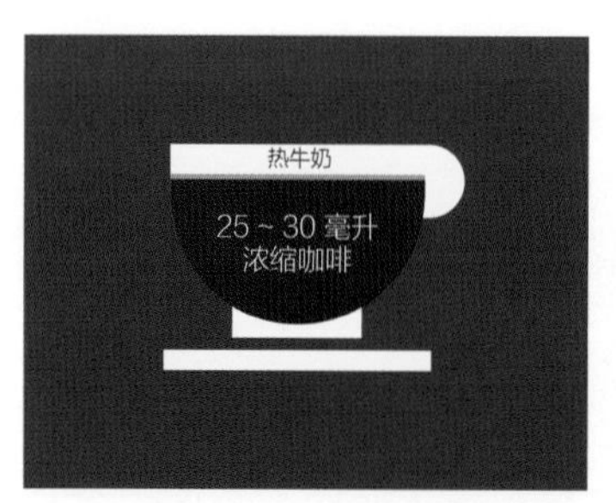

卡布奇诺（CAPPUCCINO）

加入打发牛奶的浓缩咖啡，并以拉花装饰。一杯卡布奇诺咖啡的总量在 150 ~ 180 毫升。一杯真正的卡布奇诺会有 1 厘米厚的奶泡层。

拿铁（LATTE）

顶部为打发牛奶的浓缩咖啡，并以拉花装饰。一杯拿铁咖啡的总量在 300 ~ 400 毫升。其咖啡和牛奶的比例与卡布奇诺不同。

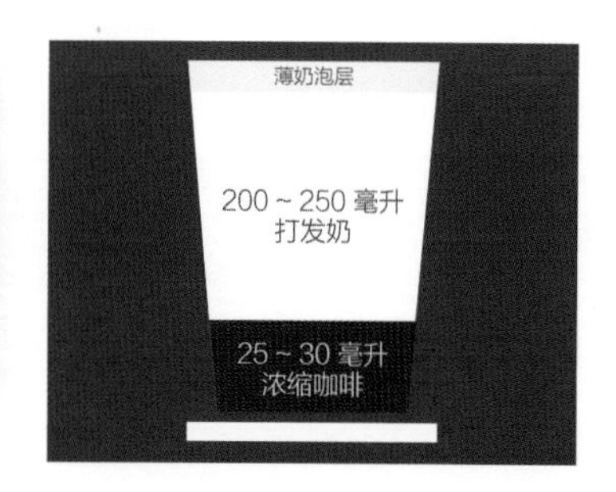

美式咖啡（AMERICANO）

浓缩咖啡兑热水。

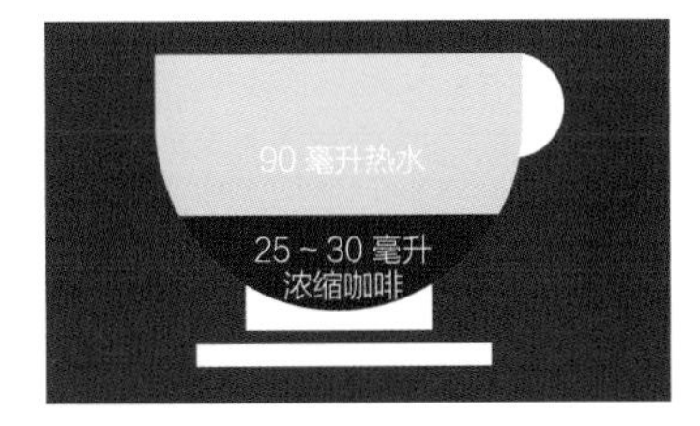

澳式黑咖啡（LONG BLACK）

类似于美式咖啡，但先加热水，再加浓缩咖啡。

浓缩咖啡玛奇朵（ESPRESSO MACCHIATO）

字面意思是“标有牛奶的浓缩咖啡”，所以这是加了一堆打发牛奶（奶泡）的浓缩咖啡。

拿铁玛奇朵（LATTE MACCHIATO）

和拿铁咖啡的差别在于顺序不同。在制作拿铁玛奇朵时，先把打发牛奶倒入玻璃杯。如果不用玻璃杯效果就没有了。之后长时间等待，直到打发牛奶自己分层为牛奶和奶泡。最后非常轻柔地把一杯浓缩咖啡倒入牛奶中。浓缩咖啡会停在牛奶和奶泡之间，形成典型的分层：白—棕—白。

澳式白咖啡（FLAT WHITE）

这种咖啡有很多变种，一般指双份浓缩咖啡加稀薄的打发牛奶。换言之，这种饮品的咖啡含量较高，乳脂含量较低。

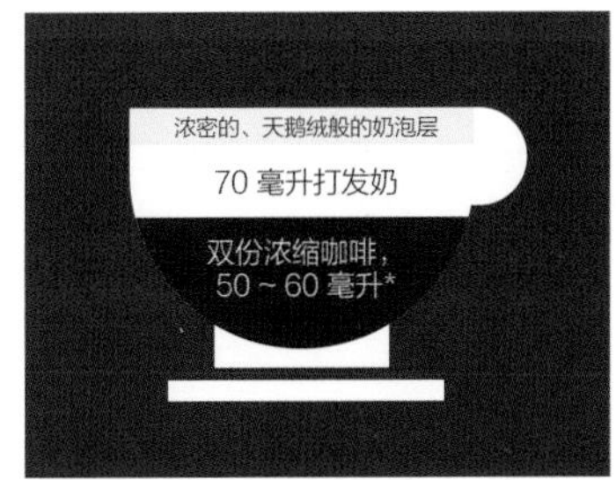

*有时也用单份浓缩咖啡制作

冷萃（COLD BREW ON TAP）或氮气冷萃（NITRO COLD BREW）

比较新的饮品，目前在比利时和荷兰还不常见。制作这种饮品时，会把冷咖啡倒进桶里，加入氮气，从而获得带有气泡的咖啡。这种咖啡看起来很像健力士（Guinness）啤酒，所以喝的时候仿佛是在喝啤酒。其最大的特点是口感的改变。咖啡的质地变得更加像奶油，尽管没有加糖，风味上却也变甜了。

LUNGO 咖啡的故事

几年前，我们中的很多人都爱去意大利旅行。沐浴在意大利的阳光下，身边围绕着漂亮的意大利人，我们学习饮用浓缩咖啡，并深深爱上了这些。不仅是意大利人，也不仅是浓缩咖啡，我们爱上的是那种咖啡时刻。我们想在家重温这种咖啡时刻，毕竟——我们这些比利时人——只有过滤式咖啡文化。回到家，我们不喜欢家里的浓缩咖啡，于是就用浓缩咖啡机制作过滤式咖啡：一大杯看起来像浓缩咖啡的带有咖啡油脂层的咖啡。换言之，我们当中的很多人购买了昂贵的浓缩咖啡机，只是为了用它萃取错误的咖啡。是的，你没看错，错误的咖啡。这并非因为我们本身不是浓缩咖啡爱好者，而主要是因为错误的萃取。

为了达到正确的萃取度，我们始终必须重视咖啡量、准确的研磨度、水量、正确的水温和咖啡与水之间准确的接触时间等因素之间的比例。

一杯正确的浓缩咖啡的萃取时间在 25 ~ 30 秒，容量为 25 ~ 35 毫升。Lungo 咖啡则不同，萃取同等研磨度的咖啡需要 1 分钟，容量则达到了 150 毫升。

不要把 Lungo 咖啡和美式咖啡或 Long Black 搞混了。美式咖啡是正常萃取的浓缩咖啡兑热水，Long Black 则使用了相反的顺序，先倒热水，再倒入浓缩咖啡。但 Lungo 咖啡是让所有的水都渗透过咖啡粉床。

风味

所以，Lungo 咖啡的风味较淡，但更苦。毕竟额外的水完全渗透了咖啡粉床，普通萃取时不会被溶解的成分也被释放了。通过咖啡粉的水越多，释放的苦味就越多，咖啡喝起来也更像水。造成的结果是丧失了所有潜在的、本质的和原始的风味。

特征

传统的 Lungo 咖啡和浓缩咖啡一样有咖啡油脂层。美式咖啡没有咖啡油脂，因为浓缩咖啡上被倒入了热水，破坏了咖啡油脂。有些人会认为美式咖啡是做坏了的咖啡，因为他们想的是传统的 Lungo 咖啡。事实并非如此，其实美式咖啡或 Long Black 才是错误的 Lungo 咖啡唯一正确的替代品。

是好是坏

现在，一杯 Lungo 咖啡对你而言是好是坏，完全是你个人的选择。但请让我们稍微考虑一下这个事实，即一杯正确的咖啡应该呈现酸质、甜味和苦味间的平衡。咖啡的各种特点会以同样的顺序释放于水中，咖啡师的工作就是找到每种咖啡正确的食谱，达到良好的平衡。而在制作 Lungo 咖啡时，萃取过程中前面每一步的努力仿佛都白费了。你下次再要点 Lungo 咖啡时，不妨好好想一想吧!

牛奶、糖或其他添加物？

答案很简单：一杯萃取方式良好的美味咖啡不需要添加物。为什么有这么多人要往他们的咖啡里加糖呢？第一是出于习惯。第二是加糖（和奶）的理由也很好找：我们所喝的大部分咖啡都不好喝——糟糕的萃取、品质低劣的咖啡豆……你自己说吧，如果最后要加糖，产自肯尼亚或埃塞俄比亚的精品咖啡又有什么意义呢？没错，精心达成的不同风味间的平衡会被糖彻底摧毁。你是否习惯于喝咖啡加糖？试着停止加糖，开始饮用好咖啡吧。无论如何，请从现在开始就先尝一尝你的咖啡，这样你至少能够了解它们的风味。你会发现，一杯萃取方式良好的精品咖啡不需要糖。几周后你就不会再想加糖了，你也会对每天所喝的咖啡有更高的要求。你会试着品尝原产地咖啡真正的风味，有自己的偏好和“咖啡身份”。所以，这就是纯咖啡。

过滤式咖啡

制作过滤式咖啡时，我们常常需要选择是逐杯萃取，还是一次萃取大量的咖啡。后者的优势当然是快、有效率，还能给你持续稳定的咖啡品质。但逐杯萃取也有其优点，不过你需要做好耗时的准备，工作时必须仔细和小心。还有，你可以选择前文所述的萃取方式之一（参阅第 94 页等）。

咖啡师和他们的故事

什么是咖啡师?

咖啡师的字面意思是“酒吧招待”，简言之，就是站在吧台后的专家。这个术语来自意大利。自从全世界都开始使用这个术语后，它就主要被用于咖啡行业了，尽管它以前可以用于所有的饮品领域。咖啡师不仅是准备咖啡和提供咖啡的专家，也能做很多别的事情。可以拿厨师来比拟：世界上既有厨艺爱好者，又有星级厨师。一位“星级咖啡师”能够理解，种植园才是一切的开始，而不是咖啡馆里的咖啡豆。对于我们来说，咖啡师是全身心投入咖啡的人，想要了解咖啡的一切，满怀敬意地攫取出咖啡豆的精华；是不满足于一般咖啡的人，不断寻找那一点点平衡、甜味、酸质的改善……一位优秀的咖啡师也希望对咖啡世界做出贡献。关于咖啡的知识传播得还不够广泛，咖啡师可以对此贡献出力量，让更多人了解这个世界。优秀的咖啡师自豪于自己的专业，希望把咖啡带向更高的层面。他希望传授顾客知识，让他们品尝自己的技艺。对他而言，咖啡不只是简单的咖啡。咖啡师致力挑战他的顾客，也希望接受挑战。他喜欢向他索要新的过滤式咖啡的苛刻顾客。但最重要的是，一位优秀的咖啡师永远不会忘记，最终一切都归于一点：触动顾客。

比赛

目前在咖啡萃取领域有很多种比赛，从杯测、拉花到“世界咖啡师”锦标赛，标准各不相同。参加一场比赛，最重要的部分是通往该比赛之路，这可比比赛本身重要得多。当然，赢得比赛肯定是一种荣誉，但位居首位的是比赛的准备阶段，它可以为专业人士带来很多知识。在准备时，人们不得不充分研究咖啡。专业人士们磨练技术、寻找合适的咖啡，充实着自己的咖啡经历。参加比赛的实质是，在比赛后能够萃取出更好的咖啡。

咖啡师是一种专业

和厨师一样，你无法在一天内成为咖啡师。“咖啡师”和“顶级咖啡师”之间有一条长长的路要走。那需要时间，也需要感受、听、看、学习和筛选。我们采访了几位顶级咖啡师。

夏洛特·马拉瓦尔（Charlotte Malaval），两届法国咖啡师锦标赛冠军，2015～2016 年世界咖啡师大赛决赛选手

2014 年时，无人认识时年 21 岁、首次参加法国咖啡师锦标赛的夏洛特。她就像是凭空出现的一般，直接获得了冠军。她代表法国参加了 2015 年在西雅图举办的世界咖啡师大赛，并一路闯进决赛，令人印象深刻。她也进入了 2016 年在都柏林举办的世界咖啡师大赛的决赛。下面是她的故事。

你是怎么进入咖啡行业的？

“和很多人一样，某次我有机会喝到了真正特别的浓缩咖啡——我非常震惊，也很感兴趣，我想了解得更多。出于好奇，我立刻开始了第一次咖啡师培训。在我发现自己对咖啡的热情以前，我已经取得了文化人类学学位。而就像我通常所做的那样，我审视了内心最深处的感受，并追随直觉。我决定停止在大学的学习，开始学习关于咖啡的一切知识，并从事咖啡的工作。现在我是独立的自由职业咖啡师。”

为什么时至今日，咖啡依然能够激励你？

“因为近乎无穷的变化、进化和学习的可能性！我喜欢咖啡世界所呈现出的多样性。你在那里能够一直有所发现，不仅是在咖啡知识方面，还有与咖啡世界相关的文化多样性。我很清楚，咖啡可以在如此多的不同的时刻，对人们的生活产生巨大的影响。我每天都还能发现咖啡新的一面。我想帮助人们了解咖啡的品质，无论以何种方式，这样他们也能提高自己生活的品质。”

你参加了咖啡师锦标赛，并肯定为此投入了很多钱、时间和精力。你参加比赛的动机是什么？

“我常说，比赛是一种催化剂，比赛的准备过程极大地推动了我，并提高了学习过程的多样性和深度。

“它要求你每前进一小步都很谨慎，非常有意识地小心呈现你所代表的和你想要表现的东西。当然，比赛也可以帮助你

成为公认的专家，它给了你更多的机会，也帮你打开了更多扇门。今年是梦幻般的一年，特别是因为我有幸和很棒的教练一起工作。我闯进了决赛，所以有机会在都柏林请圣·罗贝托（San Roberto）指导三次，并能够跟他交流。这是一次特别强烈的体验，不仅是身体上的，更主要的是情绪上的体验——在短短几天内得到这么多感受，真是令人难以置信——当我们事后发觉，我们在几个月内获得了多少成长和进步时……”

你还会参加比赛吗？或者去别的地方参加比赛？

“我现在还不确定。我还没想好。”

你曾两次闯进决赛。你成功最重要的原因是什么，除了必须要有最好的咖啡？

“这会让你想起你参加比赛究竟是为了什么。是什么驱动着你？你想传达什么信息？你想成为怎样的人？在那种时刻，在那种巨大的压力下，能够100%做你自己，真的是个伟大的成就。你必须信任你的身体，并专注于心理层面，能够和团队一起合作。能够和四位完全不同，但都同样有天赋的人一起合作是一个很棒的机遇，我一直非常尊重他们，他们也给予了我很多灵感：弗朗西斯科·萨纳博（Frances-co Sanapo）、井崎英典（Hi-denori Izaki）、阿曼达·尤里斯（Amanda Juris）和罗盖特·迪勒（Roukiat Delrue）。能够和这些人一起工作，并向他们学习，是我职业生涯中最紧张、最有意义，也赋予我最多灵感的经历。我们一起度过了非常激烈、紧张的时刻，从农场到训练间，我们还没有谈到那些持续数小时的网络电话（Skype）环节……围绕咖啡的工作、烘焙、饮用、常规和结构、工作流程、说话的方式和发音……除此之外，他们也和我分享了他们极具启发性的见解和价值观。他们让我做自己，让我自己做决定。他们从未试图改变我，我得以批判性地审视我自己，并拓展了视野。所以，对于比赛究竟是什么，我的想法彻底改变了。”

这两次咖啡师锦标赛后，你学到的最重要的东西是什么？

“‘为了梦想成真，你需要一个团队’或‘为了演奏出交响乐，只有一把小提琴是不够的，你需要一整个乐队’！我当然也学到了很多关于咖啡本身的知识，关于种植、加工和品尝的流程。关于浓缩咖啡和其复杂性我也学到了很多。我也学到了，如何在一片混乱中真正学到新的东西。我原本以为：‘外表是绝对的，但在我们现实的咖啡世界里，这一条并不适用。在这个世界里，一切都是彼此相关的——没有什么事是绝对的。’我曾经相信的和曾经学过的一切其实都是错的，所以我必须重新思考我的信念和期待，必须战胜一大堆矛盾和悖论。因为我的整个表现都是在心态非常混乱的状态下做出的。我意识到，绝大多数我们在比赛中试图理解和控制的参数其实只是单纯的猜测——当我们试图在所有这些变量和最终结果间建立联系时更是如此！我特别近距离地观察了咖啡师的角色，并分享了他们追求品质的处理方式和方法的影响。我也研究了评价咖啡时，以及与此相关的口味分析时，客观和主观的界限。”

你可以给年轻咖啡师一些关于参加比赛的建议吗？为什么要参加，或为什么不要参加？

“当然！我会建议每一位咖啡师参加比赛。能够利用这个平台是你的特权，无论是从个人角度还是从专业角度，都是非常有价值的经历！”

对于即将参加比赛的咖啡师，你最想给他们的三点建议是什么？

“永远不要忘记你参加比赛的理由，特别是当你找不着北的时候。看看你周围和你自己。一旦怀疑来袭，这是保持继续前行的唯一方法。

“不要等着好想法找上你。从平庸的点子开始——不用给别人看。错误正好可以给你灵感——允许你自己承担风险，去做你害怕的事。如果你从来没有创作过让你感到羞耻的作品，你就永远无法做出让你感到自豪的作品。

“不要害怕在最后一刻全盘推翻此前辛苦的工作和计划，并彻底重来。坚持一个想法是很容易的，因为你太害怕承认失败了，所以不肯放手。”

你怎么看未来几年内精品咖啡的发展？

“如果我们想看到世界上精品咖啡市场的发展，就需要更多的咖啡店，世界上每个城市里都要有，而不是只在伦敦或纽约！这样才能带来真正的发展，因为咖啡店是接触真正的顾客的唯一地方，这样我们就可以向他们展示哪里能找到品质和卓越性——完全是从农场开始。我认为，这是让大众了解精品咖啡的唯一方法。精品咖啡是很成功的，一直在变化。这是一个由行业交易会和比赛组成的小群体……但这些超级有趣、鼓舞人心的时刻却并不对大众开放。所以我认为，人们应当改变，如果有足够多的咖啡店，人们除了去精品咖啡店，就别无选择了！”

在你看来，作为女性参赛者，有什么不同吗？很少有女性参加比赛，并闯入决赛的原因是什么？

“不久之前我曾读过一份科研报告，它的结论是‘女性不参加比赛的原因是其他女性也不参加’。但女性真的有这么强的性别认同感，并容忍自己受同性的影响吗？我们真的需要别的女性作为榜样，才能让自己有足够的信心吗？对我来说，重要的是这个人，以及这个人背后的价值观！

“我看到过另一篇文章：‘女性在和男性一起品尝咖啡时会感到害怕，她们感到有压力，

也非常羞于分享想法。'如果我们是生活在别的年代，或者是生活在世界上别的什么地方，有着不同的性别关系模式，或者没有性别平权，那我还能够理解。但在这里，在我们这种西方自由发达的国家……我认为我们的态度完全是错误的，进行着错误的战斗。特别是科学研究已经表明，女性从生理上比男性拥有更强的品尝能力！

“我非常能理解不确定的感受，或承受专业和有经验人士的压力的感受——无论男女，但我觉得这恰好是一种很好的情绪，可以提醒你保持谦逊。这也是学习和提升自己的好机会。这完全取决于你的态度和方法。比赛也一样。我认为自信、紧张感、工作量和损失或失败的风险对于男性和女性而言都是一样的，所以与你是不是女性无关，只与你是一个人有关。

“我想给咖啡行业的女性的建议是：向你自己提出准确的问题——参加咖啡师比赛和做好相关的准备，你内心的动机和驱动力是什么。没有人能阻挡你获得知识和自信。这一切都取决于你自己，取决于你的选择和信念。

“关键不在于你是男是女！即使这一行里男性占多数——就像很多其他的手工艺行业一样——这对我而言从来都不是什么问题。正好相反，我一直获得了帮助和支持。在某种程度上，正因为你是女性，反而会获得更多帮助！我觉得我成了自己所不能理解的女性主义运动的囚徒，而这场运动正逐渐变得有些荒谬。男性开始为自己赢得比赛感到内疚，他们觉得不得不为他们的男性气质道歉，如果他们既有才华又很成功。如果男性闯进了决赛，那是因为这是他们应得的。他们做出了更好的咖啡，展示了更好的工作流程。世界咖啡师大赛的评分表里可没有性别这一项。难道我们得认为，世界咖啡师大赛和评审团歧视女性？

“如果我们知道，我们这个市场上有许多成功的男性——这可能性太大了——这是因为他们有才华，可以给予他人灵感，也乐于分享知识。他们是因为本身而受到欣赏和尊敬，而不是因为性别。有很多有天赋和鼓舞人心的女性也为这个市场贡献着力量，并占据着行业链每一个环节上的重要位置，数量远超你的想象。举一个简单的例子吧，今年我的教练团队里有一半都是这样的女性。我对于我们这些咖啡消费国的男女之争真的已经厌倦了。有那么多更重要的问题，例如生产者的生存环境、女工、童工和其他形式的压迫，这才是真正值得我们讨论的……”

斯塔蒂斯·科勒塔斯（STATHIS KOREMTAS），2016 年希腊冲煮大赛冠军

你是怎么进入咖啡行业的?

“这一切都是从大约 8 年前的一份兼职开始的，当时是为了能赚点钱。但我很快就发觉，我想再进一步。在过去 4 年里，我越来越多地接触到精品咖啡，可以肯定地说，这就是我想要从事的职业，这是一种美妙的手艺。”

为什么时至今日，咖啡依然能够激励你?

“我相信，咖啡里始终存在着你尚未发觉的东西，无论你研磨、拉花或调整咖啡机有多频繁。你每天都能发现新的典型的东西。此外，我也非常喜欢喝咖啡，而且能为别人做咖啡的感觉也非常美妙。所以，这与未知的、尚未被发现的事物有关，当然也与供应和分享有关。”

你参加了咖啡师锦标赛，并肯定为此投入了很多钱、时间和精力。你参加比赛的动机是什么?

“为 Taf 咖啡工作，并和 Taf 咖啡的团队一起工作，意识到团队会支持我的决定，成为这个团队的一份子感觉好极了。如果我们想要成功的话，在时间上是有优势的。我每天都把全部精力投入到制作好咖啡上——练习时我只用管比赛的事。钱，是的，肯定要花一些，不过物超所值。”

你还会参加比赛吗?

“我很乐意再次参加，因为一次锦标赛能很好地激励你，你眼前有了目标。我现在还不太确定，但我肯定愿意再试一次。”

你现在成了希腊的冠军，还要参加世界锦标赛。除了要做最好的咖啡，你学到的最重要的东西是什么?

“我相信，锦标赛不仅只与完美的咖啡有关。大部分参赛者——也许甚至是所有的参赛者——都能做出很棒的咖啡。咖啡可以是独特的、奢华的、创新的……当然肯定是高品质的。重要的是展示出别的东西，你必须专注于一个可以让你的观众感到惊讶的想法，你的展示会发展为一次严肃的工作坊或课程，让你能够分享知识，展示新的东西。锦标赛是和你咖啡理念的设计有关的。”

这次咖啡师锦标赛后，你学到的最重要的东西是什么?

“耐心、团队精神和集中注意力的好处。”

你可以给年轻咖啡师一些关于参加比赛的建议吗?为什么要参加或为什么不要参加?

“正如我所说的那样，通往锦标赛之路无论如何都是一次了不起的经历，不管结果如何。参加锦标赛让你更贴近咖啡和与咖啡相关的人。你可以了解新的技术和科技，结识你欣赏的著名的同行……这是成长的大好机会。”

对于即将参加比赛的咖啡师，你最想给他们的三点建议是什么?

“努力工作，继续工作，保持冷静和专注。”

你怎么看未来几年精品咖啡的发展?

“我希望咖啡生意能变得更加环保。精品咖啡是大自然的馈赠，只要大自然允许，我希望能尽可能长久地保留这些精品特质。”

什么是你在咖啡世界里的终极梦想?

“虽然这并不是我的终极梦想，不过我还是得承认，我实在是很想赢得世界咖啡师大赛!”

劳拉·德·布克（LAURA DE BOECK），2016 年比利时冲煮大赛冠军，2015 ~ 2016 年比利时杯测锦标赛决赛选手

你是怎么进入咖啡行业的？

“和我们中的很多人一样偶然。我毕业以后，在比利时隆德泽尔的温泉浴场里做吧台服务员，出于生计，因为当时我没能立刻找到合适的工作。其实我觉得那个工作挺有趣的，但一段时间后，我觉得最好还是找一个和我专业相关的工作。我开始在宜家做业务区管理培训生，听起来不错，符合我的专业，但几个月后我发现，那份工作完全不适合我。我憧憬着餐饮业的工作，甚至是自己开店。我决定：‘我要成为咖啡师。我要找一家能培训我做咖啡师的咖啡馆，这样我以后就能开一家属于自己的可爱的咖啡馆了。’这成了我的新梦想。我其实是在不了解咖啡的情况下去 OR 应聘的。坦白说，我对 OR 和它背后的故事了解得很少，但搜索了一些信息，又进行了一次谈话后，我希望能在那里工作。所以就这么发生了，我得到了这份工作，一切始于这里。”

你喜欢咖啡什么？

“最先吸引我的是 OR 的故事，我完全沉浸其中。之后我开始深入学习品尝，突然，一个新世界对我敞开了大门。一种咖啡中有这么多复杂的风味，难以置信，非常迷人。此外我觉得特别的是，咖啡是一种自然的产物，不会总是符合你的预期，需要大量的知识和手艺。一次又一次，这是一个永无止境的故事，而这正是咖啡如此令人喜爱的原因。”

你学的是沟通管理，这和你如今在咖啡行业的工作并没有直接的联系。那么咖啡是个小插曲吗？

“曾经是有可能的，我也不知道我在应聘 OR 时是怎么开始的了，我当时甚至有点害怕。‘如果这根本不是我该做的可怎么办，我的生活会变成怎样？’但现在我几乎可以 100% 肯定地说，咖啡会一直留在我的职业生涯里。不一定非得是我现在的工作，但咖啡世界里还有那么多有趣的事情等待着我去发现，而我对此还知之甚少。此外，咖啡对我而言也不仅仅是工作，它还是我的爱好，所以我从来不觉得我是在工作……这太有趣了！”

你觉得大约 5 年后的自己会怎么样？继续待在咖啡行业吗？具体

会在哪个领域呢？

“肯定还在咖啡行业里。去年我可能会回答，我梦想着开自己的咖啡馆，但现在这个梦想有些消退了。如果允许我稍微有一点野心的话，我希望是成为过滤式咖啡领域的世界前五。此外我希望继续提高品尝能力，发展自己的风味谱。甚至可能会去种植园里工作几个月，我对许多事情都持开放态度！”

目前你参加了各种比赛。你为什么要参加？

“当我在 OR 工作了 6 个月的时候，卡特琳问我是不是想参加比利时杯测锦标赛。我想：‘啊，为什么不呢，没人认识我，我正好可以测试一下自己的风味发展水平。’出乎所有人的预料，我居然获得了第二名。这太梦幻了，超级激励我！这是对我的品尝能力的肯定，也鼓励着我继续参加比赛。之后我参加了比利时冲煮大赛，也就是比利时过滤式咖啡萃取锦标赛。这是一次非常有趣的比赛，你忙于咖啡，为着某个目标努力。你可以展示自己的价值，并测试自己的水平。对我来说，那就像是一次游戏！”

对于像世界咖啡师大赛这样的比赛，你如何准备？

“我幸运地得到了去卢旺达为自己挑选咖啡豆的机会。到了那里，在追踪和见证了整个流程后，我在比赛上的展示仿佛是自发产生的。我想说的、学到的实在太多了，我不得不把精力集中在本质问题上。此外，卡特琳也对我进行了很棒的培训。她检查了我们的训练计划，以防我们时间不足，这给我的内心带来了平静。我们还萃取了大量的咖啡，测试了各种食谱。我觉得准备工作特别有趣，从未感到过压力。”

你会建议年轻咖啡师参加比赛吗？为什么？你认为参加比赛的价值是什么？

“毫无疑问，当然会。这听起来很老掉牙，但你甚至不必取胜。你在准备时能学到那么多，这对你而言是个理想的挑战。你有了工作的目标。我也觉得，比利时的精品咖啡群体还很小。我们都需要让新的年轻咖啡师参与进来。每个人都能从中重新接受挑战，我们也能从彼此那里学到很多。”

马蒂斯·德·库瑟马克（MATISSE DE COUSSEMAKER），2016 年比利时咖啡师锦标赛亚军

你是怎么进入咖啡行业的?

“我第一次接触到咖啡，是小时候尝我父亲的卡布奇诺上的奶泡。我第一次真正接触精品咖啡，是我们在布鲁日开始经营咖啡馆 Li o Lait 时，我现在是那里的咖啡师。”

你为什么这么喜欢咖啡?

“自从参加了厨师培训，我就一直对‘风味’很感兴趣，而它在咖啡里也是很有存在感的。令人着迷的是，咖啡走过了一条非常漫长而有趣的道路，在这条道路上，在风味层面可以发生和改变很多事情。”

你已经参加了比赛。你为什么要参加？这为你带来了什么?

“我在 2016 年第二次参加了比利时咖啡师锦标赛，并获得了第二名。我参加比赛最主要的原因，是那 15 分钟舞台上的快乐感。但我参加比赛，也是为了讲述我所选择的咖啡背后的故事。作为一名咖啡师，它主要为我带来了高效率、技术和整洁度，这都是准备咖啡时非常重要的因素。”

你的长期目标是什么?

“我还年轻，还没有确定我的长期目标。首先我要去澳大利亚学习 1 年，这个国家有着非常发达的咖啡市场。”

你如何获得咖啡方面的知识?

“我获得关于咖啡的知识主要来自于书本、文章、社交媒体、展销会、比赛……我也关注其他咖啡师，既关注比利时的，也关注别的国家的。”

你最爱的咖啡食谱是什么?

“我最爱的萃取方式取决于日期和时刻。做冰滴咖啡（Iced filter coffee）我喜欢用 V60，我的食谱是 20 克咖啡、160 克水和 140 克冰。”

你对梦想参加咖啡师锦标赛的人有什么建议吗?

“我只能建议他们参加比赛！确保你充分了解自己所选择的咖啡。做训练计划表，并严格执行它。但首先要做你自己，并且要享受你对咖啡的热情！”

目前你也拜访了咖啡种植园。你觉得如何？会推荐给别的咖啡师吗?

“我真心建议每个对咖啡感兴趣的人都去拜访一下咖啡种植园！你可以跟踪整个生产流程，体会到你的每日咖啡背后有多少辛苦的工作。只有这样，你才能真正见识到，它是怎样的精品，其中所有的流程都必须非常仔细和谨慎地进行。你会理解各种加工方式和取决于这些加工方式的咖啡品质。当然，正确的萃取方式也很重要。为了获得理想的风味，你必须谨慎地使用正确的萃取方式。精品咖啡对我而言，是正确的采摘、正确的分类、正确的烘焙和萃取，是真正的奢侈品。”

夏琳·德·布泽尔（CHARLENE DE BUYSERE），2012 年世界爱乐压大赛冠军，2014 年比利时咖啡师锦标赛冠军

你从 2010 年起开始工作，当时并没有真正的咖啡行业的经验。你是如何获得如今的知识的？

“主要来自我周围的环境、同事和顾客，不过也来自于参加比赛。通过咖啡师这个身份，深入研究一些事情，如果你不是咖啡师，是不会做这些事的。你必须敢于犯错，这样才能知道后果，并把它纳入下一步的工作。不仅仅关注咖啡世界，也关注茶、葡萄酒、食品……这些也总能成为我的灵感来源。”

是什么让你在学习室内设计的同时，在咖啡世界里待了 6 年？

“当我从设计专业毕业时，我想找一份能留在比利时根特的工作。不管是什么工作都好……很偶然的，我进入了咖啡世界。我一直觉得食品很有意思。咖啡的特别之处在于试图努力地控制产品。作为咖啡师，你有很大的责任，让它获得一个‘相对’较好的结局。每次重新寻找合适的食谱，也是一个驱动力，始终吸引着我。咖啡中风味组合的多样性也是无穷的。”

在写上一版《纯咖啡》时，你还在做 OR 咖啡烘焙工作，现在你开了自己的店。为什么会做这样的选择？

“我想每一位咖啡师都会有这样的时刻，你会想：‘我想要点别的。’这是一份强度很高的工

作，至少在生意好的店里，对你的身心都提出了很多要求。人们常常会换一个行业重新开始。我想找到一种方式，既能放松身体又能放松精神。我对于咖啡的热情首先在于教课，把我的知识传授给别人，向别人展示咖啡的世界有多么特别。由于理论、食谱、理念……一直在变，所以相关的咨询工作也很有意思。从某种意义上说，这也是设计的一种形式。”

你也参加过比赛，并为此投入了很多时间和精力。你参赛的动机是什么？

“我第一次参加比赛完全是出于好奇……我很快便从中获得了快乐。它给了我巨大的能量，是一种纯自然的能量提升。同时我也扩展了知识面，结识了新朋友，更快取得好结果，学习在团队里工作，能够完善技巧，也能帮公司做广告……因此，我推荐自己参加比赛。”

现在你开了自己的店。你在开业前和开业之初遇到的挑战和困难是什么？

“最大的挑战是明确界定自己想要的，并相应地协调一切。如果不能清楚地知道前进的方向，你就没法开始任何计划。然后是重要的一步：说服银行。我去了微启动微贷公司（microStart），公司给小企业提供小额贷款，最高为人民币约 120 000 元。公司还会尽可能帮你走向独立，并在市场上找到自己的位置。在上手前需要一段时间，不过你的热情是你天然的推动力，所以会好的。”

对于拥有同样梦想的创业者，你有什么建议吗？

“和已经实现了类似想法的人交谈，询问他们你需要注意的事项。有时候你得改变自己的想法，因为店面恰好和你预想的不同。那就得问问你自己，那是否还是你想要的……尽量简单化，让别人能够理解。你经常会在考虑计划时想得太久，导致外人忽略了这个计划，因为他们不可能随时等在那里。别太夸张——有时你必须只考虑商业问题。享受每一刻，因为你会碰到同路人，这也是你必须这么做的理由。这些人会给你开店所需的力量，因此知道你自己想要什么才会这么重要。”

对于年轻咖啡师，你有什么建议吗？

“从自己的经历里学习一切。运动，让身体强健。工作后要在机器上拉练。有时也要做些和咖啡无关的事情。你会发现，这些事会给你很多灵感。不要每天喝咖啡。每次都要品尝，随时清楚你供应给顾客的是什么。别偷懒，哪怕成品和你的食谱只有小小的偏差，也要及时调整机器。”

你如何看精品咖啡市场的未来？

“我觉得一切都在变化。我的梦想是，今天我们所说的精品咖啡有一天能变为传统咖啡。我认为会产生新的浪潮，将我们关于农业的知识更明确地带向市场。比如说，很多来自葡萄酒世界的知识就被转化进了咖啡世界，例如被改善的发酵过程……越来越多的烘焙厂购买了种植园，为了盈利，它们必须考虑每个方面，而这只会有利于风味。”

你的终极梦想是什么？

“用好咖啡让人们幸福。”

LIME-LEMON
ORANGE-CASSIS

◇◇◇◇◇◇

喝咖啡是个好主意。

◇◇◇◇◇◇

必去的比利时咖啡馆和荷兰咖啡馆

最近，比利时和荷兰的咖啡馆数量迅猛增长，为此可以单独写上一本书。所以，这本书主要关注的是拥有自己咖啡馆的比利时和荷兰烘焙师。此外，我们还列出了这些店的烘焙师用自己烘焙的咖啡豆制作的咖啡，看看有什么是值得你享受的。

Brazil
Moka
Dessert
5,25€ 1/4Kg
Mélange
Delahaut
5,75€ 1/4Kg
6,25€ 1/4Kg

Mélange
Italien
4,50€ 1/4 KG
Fair Trade
5,75€ 1/4 KG

安特卫普

CAFFÈNATION

梅赫塞斯坦路 16 号（Mechelsesteenweg 16）
安特卫普，邮编：2000（2000 Antwerpen）

Caffènation 的员工——正如他们自己所说的——都是咖啡狂人，从 2003 年起就是这样。从那年起直到现在，Caffènation 一直信奉着三大原则：咖啡豆、设备和员工。Caffènation 一直按季节使用新鲜烘焙的精品咖啡豆，拥有最先进的设备和 10 名受过专业训练的咖啡师，充满热情和奉献精神地为顾客提供过滤式咖啡、浓缩咖啡和基于浓缩咖啡所制作的饮品。这家店的店面有好几层，还带有夹层，人人都能在那里找到想要的东西。无论是想在吧台喝杯咖啡，还是想来一次愉快的聚会，在 Caffènation 都能实现。这家烘焙厂希望——除了提供美味的咖啡，还能为咖啡的全面改善贡献一些力量，无论是专业领域还是家庭领域。Caffènation 一直在寻找品质更好的咖啡豆和革新的萃取方式。出于对自然奇迹——咖啡樱桃的热爱、对咖啡种植的尊重和对风味的专注，这个团队把精品咖啡呈现给你。他们怀着极大的热情挑选、烘焙和包装咖啡豆。烘焙时使用的是 15 千克的烘焙机，每次只烘焙 11 千克咖啡豆。这种小规模的烘焙深入发掘了咖啡的风味，充分展现了咖啡豆的品质。咖啡豆是单一产地（single origin）的——换句话说，都来自于同一个特殊地区——烘焙时从不会晚于采摘后 10 个月。要不要打个赌，看你能不能品尝出杯中咖啡的区别？Caffènation 和其所有者——罗勃 · 贝尔格曼斯（Rob Berghmans）在安特卫普家喻户晓，绝对值得你前往。

www.caffenation.be

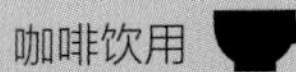

CUPERUS

圣 · 卡特琳菲斯特 51 号（Sint-Katelijnevest 51）
安特卫普，邮编：2000（2000 Antwerpen）

从 2013 年起，艾伦 · 戈尔曼思（Ellen Goormans）和格伦 · 德 · 劳克（Glenn De Rouck）开始接掌 Cuperus。Cuperus 的历史悠久，至少可以追溯到 1823 年，当时一个来自弗里斯兰省的家族在安特卫普开了一家茶叶店。百年后，路易斯 · 范 · 埃尔斯（Louis Van Els）接手了这家店，他不仅做茶叶生意，也开始向咖啡生意进军。Cuperus 的第一家店开在苏伊克运河（Suikerrui），之后又在鞋市（Schoenmarkt）（1931 年）和布伦塔（Boerentoren）开了店。直到 1968 年，第一家 Cuperus 咖啡馆才在圣 · 卡特琳菲斯特（Sint-Katelijnevest）开张。理念很成功，很快，附近的人都去那里喝咖啡。如今咖啡馆——在一度搬去鞋市后——又再次搬回圣 · 卡特琳菲斯特。现任管理者格伦 · 德 · 劳克也来自于一个咖啡烘焙师家族，即德 · 福莱特（De Vlijt）咖啡。艾伦从事的是咖啡品质管理工作，提供培训，并以极大的热情接待顾客。咖啡是他们共同的热爱，对咖啡豆的烘焙充分展示了对咖啡豆原产地的尊重。格伦和艾伦试图让顾客明白，杯中的咖啡只是整个流程最后的一步，每个人都可以为此贡献出自己的“豆子”。你也会发现这一点。这家安特卫普的老咖啡屋以简单而优质的咖啡为基础。没有奶油、没有特殊的口味、没有无用的装饰。但这里有原产地咖啡、精品咖啡和稳定的混合咖啡。格伦和艾伦认为重要的是保持学习，所以他们一直在钻研和接受培训，希望自己可以用这种方式培训他人。有一件事是肯定的：Cuperus 不是仿佛在用心，而是真的在用心做咖啡。

www.cuperuskoffie.be

KOLONEL KOFFIE

格罗特彼得波特路 38 号（Grote Pieter Potstraat 38）
安特卫普，邮编：2000（2000 Antwerpen）

从 2012 年起，Kolonel Koffie 成为安特卫普的一家精品咖啡馆。2015 年时，科比（Kobe）和芬克（Femke）搬到了特隆广场（Troonplaats）一家更大的店面里，并从 2016 年起在那里建立了自己的微型烘焙作坊。除了精品咖啡，这里还供应手工糕点、美味的早餐和午餐三明治。

www.kolonelkoffie.be

NORMO

明德布鲁德斯运河 30 号（Minderbroedersrui 30）
安特卫普，邮编：2000（2000 Antwerpen）

Normo 是一家专注于高端微量（high-end micro-lots）的咖啡烘焙厂和咖啡馆。Normo 非常信赖咖啡背后的咖啡农。这家烘焙厂一直在寻找咖啡背后的故事，咖啡都是来自完全可追溯的农场。Normo 认为，知道咖啡的生产者、准确的流程、咖啡的品种和咖啡农为此获得的收益是很重要的。在他们的咖啡馆里，你可以品尝“赤裸的”咖啡。所有者——延斯 · 奥里斯（Jens Oris）看重的是，顾客能够品尝到咖啡农最终想用咖啡展示的内容。你在那里主要可以找到浅焙咖啡，完美保留了所有的风味和香气。这家咖啡馆的内部装饰简单而时髦，但非常舒适。Normo 希望成为所有咖啡爱好者的先锋，能够为顾客提供服务，它的团队深感荣幸。

www.normocoffee.be

CAFÉ
CAPITALE

布鲁塞尔

BELGA & CO

宝利街 7 号（Rue du bailli 7）
布鲁塞尔，邮编：1000（1000 Brussel）

位于安特卫普北部的咖啡烘焙厂 Belga & Co 喜爱简单的东西。这一切都始于认识到被其他人所忽视的平庸之美。和我们一样，对他们来说，咖啡不仅仅是饮品。它是一种时刻，是日常生活中突然停止的时刻，是放空心灵、把烦恼抛在一边的时刻。他们在布鲁塞尔的咖啡馆希望能给予人们灵感，每个人，每杯咖啡，享受生活中简单的东西，从一杯美味的咖啡开始。Belga & Co 也可以把新鲜烘焙的咖啡送到你家，让你能够随时享用。

www.belgacoffee.com

CAFÉ CAPITALE

俄涅斯特 · 阿拉德路 39 号（Ernest Allardstraat 39）
布鲁塞尔，邮编：1000（1000 Brussel）

祖依特路 45 号（Zuidstraat 45）
布鲁塞尔，邮编：1000（1000 Brussel）

Café Capitale 不是简单的咖啡烘焙厂加咖啡馆。你可以在那里购买和品尝来自世界各地的咖啡，他们也组织与咖啡相关的活动、咖啡师培训……

www.cafecapitale.com

PARLOR COFFEE

沙勒罗瓦巷 203 号（Chaussée de Charleroi 203）
布鲁塞尔，邮编：1060（1060 Brussel）

2012 年底，Parlor Coffee 在布鲁塞尔中心开业，他们的目标是让顾客享用最好的咖啡。他们从充满热情的小型生产商那里自行购买和烘焙咖啡豆，这些生产商都是用对社会和生态负责的方式种植咖啡的。所以，如果你需要一杯美味的“诚实咖啡”，这里绝对能够满足你。除此之外，在这里你也能找到美味的早餐、舒适的早午餐和午餐。

www.parlorcoffee.eu

Het zwarte circuit
Beste koffie van België komt van koffiebar OR

Mik

根特

CAFÉ LABATH

老豪特雷路 1 号（Oude Houtlei 1）
根特，邮编：9000（9000 Gent）

Café Labath 是一家覆盖了整个咖啡产业链的企业，从咖啡树到咖啡杯。托马斯（Thomas）在哥伦比亚种植和寻找咖啡，并进口它们。之后咖啡豆会在自家的烘焙厂烘焙，以呈现理想的品质。在位于街角的舒适的咖啡屋里，你可以品尝他们独特的咖啡。如果你来根特，一定要去看看！

www.cafelabath.be

OR

2001 年，汤姆·詹森（Tom Janssen）和卡特琳·鲍威尔斯（Katrien Pauwels）成立了 OR 咖啡烘焙，这是一家精品咖啡烘焙厂，目前大部分的咖啡直接采购自种植园。这是 OR 在比利时的与众不同之处。OR 一直致力寻找最好的可用咖啡，以合适的方式烘焙它们，之后用最能呈现它们风味的方式萃取它们。今天，这种明确的关注已经转化为咖啡市场的利基方式：咖啡的多样性、来源和变种是优先考虑的事项。烘焙厂位于东法兰德斯省的韦斯特勒姆（Westrem），是韦特伦市（Wetteren）的一个区。所有的咖啡都供应给 OR 位于根特和布鲁塞尔的四家浓缩咖啡馆使用。此外，OR 还有 250 多位餐饮业的顾客。在 OR 浓缩咖啡馆，你可以享用咖啡师使用正确方式制作的优质咖啡。OR 的目标是充分利用咖啡所有的特点。咖啡只是咖啡，或者说咖啡是一种富含咖啡因的提神剂的时代无疑已经过去了，你可以在 OR 品尝咖啡时感受到这一点。这家咖啡烘焙厂对自己近乎强迫症般地苛刻，对于咖啡豆也一样。OR 团队一直在寻找和自己想法一致、用同样的方式处理咖啡的种植园。获得卓越咖啡的唯一方法是从源头开始，也就是种植园。对于汤姆来说，想要为准确的目标购买正确的咖啡，了解原产国的种植方式、理解种植园的各种处理方式是很重要的。每一颗咖啡豆都是汤姆亲自烘焙的。OR 使用 Probat 22 千克烘焙机，这意味着每次的烘焙量很小。咖啡烘焙对于汤姆而言就是烹饪之于顶级厨师。毕竟每颗咖啡豆都需要专门的处理方式，汤姆以最大的敬意处理每颗咖啡豆，这是他引以为豪的地方。OR 的每一名员工都是咖啡师，而且是狂热的那种：他们不断深化自己的咖啡技术和处理方式。培训是这里的基础，你可以从每杯咖啡里品尝出这一点。

www.orcoffee.be

OR ESPRESSO BAR
北码头（Dok Noord）
根特，邮编：9000（9000 Gent）

OR ESPRESSO BAR
瓦尔波特路 26 号（Walpoortstraat 26）
根特，邮编：9000（9000 Gent）

OR ESPRESSO BAR
奥古斯特·奥尔茨路 9 号
（Auguste Ortsstraat 9）
布鲁塞尔，邮编：1000（1000 Brussel）

OR ESPRESSO BAR
乔丹广场 14 号（Jourdanplein 14）
埃特尔贝克（Etterbeek），
邮编：1040（1040 Etterbeek）

科特赖克

VIVA SARA

大广场 33 号（Grote Markt 30）
科特赖克，邮编：8500（8500 Kortrijk）

Viva Sara 是一家对咖啡和茶充满热情的企业，经营者是巴尔特（Bart）和彼得·迪普莱茨（Peter Deprez），他们满怀爱意地经营着这个家族生意。两位经营者喜爱围坐在品尝桌旁，讨论咖啡或茶的各种特点、气味和香气。Viva Sara 希望简单地给予顾客以享受，品质是首位的。这家烘焙厂也有一套控制系统以满足顾客的高要求。他们会以非常仔细和科学的方式筛选咖啡豆，然后确定理想的烘焙情况，确保释放出每种咖啡固有的风味。团队每周要品尝超过 200 杯咖啡：每一包咖啡在出售给顾客前，都要先经过 Viva Sara 团队——甚至是多次的——严格检查。传统和具有匠心的烘焙，让 Viva Sara 无惧未来。对新人、新产品和新市场的投资是持续的挑战。在科特赖克的 Viva Sara 咖啡馆，你可以自行品尝到这些优质的咖啡。在这里，你不仅能品尝咖啡和茶，还能体验它们。你可以在吧台喝一杯浓缩咖啡，享受一杯慢咖啡，购买优质的咖啡豆，欣赏咖啡师的表现，还能注册参加讲座或工作坊的活动。

www.vivasara.be

咖啡饮用 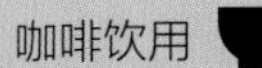

鲁汶

KOFFIE ONAN

巴黎路 28 号（Parijsstraat 28），
鲁汶，邮编：3000（3000 Leuven）

咖啡馆的所有人汉斯·欧南（Hans Onan）和克洛伊·范·巴尔（Chloé Van Bael）为顾客提供各种美妙的自己烘焙的咖啡。你可以在他们这家舒适的咖啡馆里品尝，也可以把咖啡豆买回家享用。汉斯和克洛伊很懂行，他们在“咖啡行业”里也有一段时间了，很关注咖啡的来源和咖啡本身。如果你在喝咖啡时，觉得杯里的是一颗味觉炸弹，不必感到惊讶，他们特别擅长强调咖啡豆所有复杂的风味，例如水果、巧克力或蜂蜜，全部都汇集在一杯咖啡中。你可以在鲁汶的 Koffie Onan 得到享受。咖啡师为加强这种纯粹的享受时刻，他们会竭尽所能地为你提供一杯完美的咖啡。这家咖啡馆让人愉悦，会立即给你家的感受。他们的咖啡单特别丰富，但不必害怕：经营者会带你轻松地做出正确的选择。更便利的是，你随时可以选择“本周咖啡”。汉斯和克洛伊一直在钻研产品的背景、烘焙、萃取方式和正确的处理方式，为了创造出原汁原味的作品，给你带来独特的味觉体验。

www.koffieonan.be

MOK

迪斯特路 165 号（Diestsestraat 165）
鲁汶，邮编：3000（3000 Leuven）

安托万・丹萨尔路 196 号（Antoine Dansaertstraat 196）
布鲁塞尔，邮编：1000（1000 Brussel）

2012 年 11 月 5 日，专业咖啡烘焙厂 MOK 在鲁汶市中心开业了。MOK 选择在烘焙厂旁开设了咖啡馆和商店，方便顾客了解产品。商店里有各种单一产地咖啡可供选择，都是按照季节陈列的。这里使用的烘焙机是 Giesen W6，意味着每次的咖啡烘焙量是 6 千克。用这种方式，MOK 可以全盘控制烘焙流程，完整呈现咖啡豆的全部风味。通过与咖啡供应商的紧密合作，MOK 能够完全追溯咖啡豆的情况。此外，MOK 也在咖啡馆里提供了相关的信息单，可以随意取阅。MOK 既提供适合过滤式咖啡的咖啡豆，也提供适合浓缩咖啡的咖啡豆，咖啡烘焙师精巧的烘焙让你无须害怕焦味。在咖啡馆里，从生豆到咖啡杯，MOK 向顾客提供了尽可能多的咖啡体验。每一天，团队都知道如何吸引所有的顾客，无论这些顾客是咖啡外行还是咖啡狂人，同时团队也在寻找着新的技术、风味和想法。吧台边也始终有位置，供顾客实验各种产品和咖啡。MOK 用带有自身特色的咖啡文化，主要在鲁汶和周边地区为许多餐饮企业提供服务。同时，从咖啡馆到顶级食府，MOK 始终考虑着顾客的需求。

www.mokcoffee.be

PEUGEOT
SYNESSO

ESPRESSOFABRIEK

艾堡大道 1489 号（IJburglaan 1489），阿姆斯特丹
邮编：1087KM（1087KM Amsterdam）

霍沙尔克大道 7 号（Gosschalklaan 7），阿姆斯特丹
邮编：1014DC（1014DC Amsterdam）

Espressofabriek 是阿姆斯特丹最早的精品咖啡烘焙坊之一，有两处门店，分别在艾堡大道（IJburglaan）和霍沙尔克大道（Gosschalklaan）。你可以在那里吃到老式的苹果蛋糕，当然还有超级美味的咖啡。菜单很丰富，你可以品尝到各种过滤式咖啡、很棒的浓缩咖啡和用咖啡制作的饮品。Espressofabriek 坚决支持透明性，从种植者那里直接购买咖啡豆，之后自行烘焙，并最终做成令人尊敬的咖啡。多年来，Espressofabriek 一直是能喝到阿姆斯特丹最好的咖啡的地点之一。

www.espressofabriek.nl

HEADFIRST

威斯特路 150 号（Westerstraat 150），阿姆斯特丹
邮编：1015MP（1015MP Amsterdam）

新的店面，新的标志，Headfirst 的所有人开了新的咖啡馆。之前他们的店在第二黑尔默路（Tweede Helmersstraat），现在他们的店在威斯特路（Westerstraat），店面漂亮而高大，设施很棒，气氛很好，还有现场烘焙。除了喝咖啡，你在那里还能买到各种咖啡器具和小工具，当然也能购买到咖啡豆。

www.headfirstcoffeeroasters.com

LOT 61

金克路 112 号（Kinkerstraat 112），阿姆斯特丹
邮编：1053ED（1053ED Amsterdam）

Lot 61 是一家舒适如家的咖啡馆，所有人亚当·克莱格（Adam Craig）和保罗·詹纳（Paul Jenner）在这里展现了他们对澳大利亚咖啡文化的热情和美味的咖啡。如果你之后想去附近的哈伦（Hallen）文化中心，这家咖啡馆是你的理想去处。

www.lotsixtyonecoffee.com

阿姆斯特丹的其他咖啡馆：

STOOKER ROASTING CO.
卡斯塔尼广场 2 号（Kastanjeplein 2）
阿姆斯特丹，邮编：1092CJ（1092CJ Amsterdam）
www.stookerroastingco.com

WHITE LABEL
扬·艾弗森路 136 号（Jan Evertsenstraat 136）
阿姆斯特丹，邮编：1056EK（1056EK Amsterdam）
www.whitelabelcoffee.nl

咖啡因
不是毒品，
它是
维生素。

世界各地的咖啡馆

雅典

TAF

Emmanouil Mpenaki 7 | 10678 Athene（Athens 雅典）

TAF 是世界著名的咖啡馆。此前，TAF 的咖啡师曾是世界冲煮大赛的冠军，每届世界咖啡师大赛，这家咖啡馆至少有一名咖啡师能够进入决赛。优秀的品质、热情的咖啡师，还有 Yiannis Taloumis 专业的领导。

www.cafetaf.gr

THE UNDERDOG

Iraklidon 8, Thiseio | 11851 Athene（Athens 雅典）

这里不仅有优质的咖啡，还有来自全世界的美味啤酒，以及丰富的早餐和早午餐。除此之外，你一定要了解一下这家店的特色饮品，因为咖啡师曾经三次成为世界咖啡与烈酒大赛的冠军，所以点咖啡鸡尾酒时，不要只会说爱尔兰咖啡。

www.underdog.gr

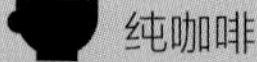

Ækvatorialstrøm
MAURETANIEN
MALI
NIGER
Nouakchott
Tombouctou
Kap Verde
SENEGAL
Dakar
Banjul
GAMBIA
Bissau
GUINEA-BISSAU
GUINEA
Niger
Bamako
Niamey
Ouagadougou
BURKINA FASO
Kano
NIGERIA
Ndjamena
Tchadsøen
Abuja
BENIN
Kap Verde bækkenet
Sydlige Ækvatorialstrøm
Conakry
Freetown
SIERRA LEONE
ELFENBENS-KYSTEN
Yamoussoukro
GHANA
TOGO
Ibadan
Lagos
Adamaue-højlandet
CAMEROUN
Monrovia
LIBERIA
Accra
Abidjan
Lomé
Porto Novo
Bangui
Paramaribo
FRANSK GUYANA
Cayenne
7292
Guineastrømmen
Bioko
Douala
Yaoundé
Principe
ÆKVATORIAL-GUINEA
SAO TOMÉ og PRINCIPE
Sao Tomé
Libreville
São Paulo (Brasilien)
3463
Guinea Bugten
Kap Lopez
GABON
Belém
Fortaleza
Fernando de Noronha (Brasilien)
CONGO
Brazzaville
Kinshasa
Zaire
Kap São Roque
Natal
Recife
Ascension (Storbritannien)
Benguelastrømmen
Brasilianske Strøm
Luanda
DATERRA 2011
HAVET
St. Helena (Storbritannien)
Salvador
Benguela
Huambo
Sydatl
Angola-bækkenet
BRASILIEN
Brasilianske Højland
Kap Fria
Belo Horizonte
2890
Pico da Bandeira
Martin Vaz (Brasilien)
Trindade
5243
Tsumeb
NAMIBIA
Rio de Janeiro
São Paulo
Santos
Curitiba
Asunción
Paraná
Uruguay
Walvisryggen
Walvis Bay
Windhoek
Lüderitz
SYDAFR
Cape Town
Kap Det Gode Håb

TOP

SECURITY FORS
tripadvisor

巴塞罗那

FEDERAL CAFÉ BARRI GOTIC

Passatge de la Pau 11 | 08002 Barcelona（巴塞罗那）

不是真正的咖啡馆，但仍是不容错过的享用美味早餐之处。有很多分店，不过我们选择了 Passatge de la Pau 这家。

www.federalcafe.es/barcelona

巴塞罗那的其他咖啡馆：

NOMADS　Calle Riereta 15　08001 Barcelona

www.nomadcoffee.es

柏林

COFFEE PROFILERS

Karl-Marx-Allee 136 | 10243 Berlijn（Berlin 柏林）

Chapter One 和 Coffee Profilers 都属于同一位所有人——诺拉·斯马黑洛娃（Nora Smahelova）。这位捷克人多年前来到柏林，在柏林开始了精品咖啡事业。Chapter One 和 Coffee Profilers 是两家完全不同的咖啡馆。Chapter One 是一家位于居民区的舒适小店，不使用固定的烘焙师，而是使用来自全世界的咖啡豆。Coffee Profilers 只使用 TAF 的咖啡豆，这是一家优秀的希腊咖啡烘焙厂。如果你在柏林，这两家咖啡馆都值得一去。

www.coffeeprofilers.com

柏林的其他咖啡馆：

CHAPTER ONE　Mittenwalder Str. 30　10961 Berlijn

www.chapter-one-coffee.com

FIVE ELEPHANT　Reichenberger Str. 101　10999 Berlijn

www.fiveelephant.com

THE BARN　Schönhauser Allee 8　10119 Berlijn

www.barn.bigcartel.com

波尔多

SIP COFFEE BAR

69 bis rue des Trois-Conils | 33000 Bordeaux（波尔多）

Sip Coffee bar 是一家把精品咖啡文化带往波尔多的新咖啡馆。咖啡馆的所有人和咖啡师朱莉（Julie）在布鲁塞尔的 OR 学习了咖啡技艺，之后在波尔多开了自己的店。你可以从店里的内饰感受到朱莉的个人特色。这家位于波尔多市中心的咖啡馆里氛围非常轻松，除了咖啡，也供应很棒的自制糕点。绝对的亮点！

www.sip-coffee-bar.com

布达佩斯

ESPRESSO EMBASSY

Arany János utca 15 | 1051 Budapest（布达佩斯）

www.espressoembassy.hu

COFFEE DRIP
Beam Heater
Beam Heater

布加勒斯特

ORYGYNS COFFEE BUKAREST

Strada Jules Michelet 12 | 010463 Bukarest（Bucharest 布加勒斯特）

布加勒斯特一家比较新的咖啡馆，使用来自全欧洲的咖啡豆。每个月能看到新的烘焙师。

www.facebook.com/OrygynsCoffee

都柏林

3FE

32 Grand Canal Street Lower | Dublin 2（都柏林）

3FE 目前有多家分店，是都柏林著名的精品咖啡店。提供专业的精品咖啡。

www.3fe.com

弗罗伦萨

DITTO ARTIGIANALE

Via dei Neri 32R | 50122 Firenze（弗罗伦萨）

www.dittaartigianale.it

哥本哈根

THE COFFEE COLLECTIVE

Jægersborggade 10 | 2200 Copenhagen（哥本哈根）

ORYGYNS COFFEE BUKAREST 布加勒斯特

Vendersgade 6D | 1363 Copenhagen（哥本哈根）

Godthåbsvej 34B | 2000 Frederiksberg（腓特烈堡）

The Coffee Collective 希望为顾客提供独特的咖啡体验，他们通过专注于整个咖啡流程来实现这一点：从咖啡豆到咖啡杯。

这家企业由一家微型烘焙厂、两家咖啡馆和一座咖啡学校组成。在那里，人们和咖啡农一起致力可持续生产，以提高咖啡的品质。The Coffee Collective 认为，好的咖啡始于好的道德规范，所以他们也从咖啡农那里直接购买咖啡豆，希望用这种方式感谢咖啡农艰辛的工作和咖啡农所生产的精品咖啡豆。The Coffee Collective 由四位咖啡师一起建立：克劳斯·汤姆森（Klaus Thomsen）、皮特·杜蓬特（Peter Dupont）、加斯帕·恩格尔·拉斯姆森（Casper Engel Rasmussen）和林内斯·托尔萨特（Linus Torsater）。在丹麦，他们都是值得钦佩的咖啡人士。

www.coffeecollective.dk

伦敦

WORKSHOP COFFEE

27 Clerkenwell Road | EC1M 5RN Londen（London 伦敦）

早在 2009 年，创始人詹姆斯·迪克逊（James Dickson）就已经有了开店的想法，除了精品菜肴和葡萄酒，他也想专注于原产地、烘焙和精品咖啡的供应。2011 年，他和蒂姆·威廉姆斯（Tim

THE COFFEE COLLECTIVE 哥本哈根

Williams）一起开了 Clerkebwell Cafe 和 Marylebone Coffeebar。这两家咖啡馆都提供特殊品质的咖啡，但有很大的区别。在 Clerkebwell Café，你既能喝上一杯优质的咖啡，又能吃上不错的一餐。而 Marylebone Coffeebar 则是最纯粹的字面意义上的咖啡馆：小而贴心，菜单以咖啡为主。然而 Workshop Coffee 本质上依然是一家一直在寻找优质咖啡的烘焙公司。

www.workshopcoffee.com

伦敦的其他咖啡馆：

KAFFEINE

66 Great Titchfield Street W1W 7QJ Londen

15 Eastcastle Street W1WT 3AY

www.kaffeine.co.uk

PRUFROCK COFFEE 23-25 Leather Lane EC1N 7TE Londen

www.prufrockcoffee.com

奥斯陆

SUPREME ROASTWORKS AS

Thorvald Meyers gate 18 | 0555 Oslo（奥斯陆）

奥德·斯坦纳·托勒弗森（Odd-Steinar Tollefsen），Supreme Roastworks 的所有人，曾三次闯进世界冲煮大赛的决赛，并且是 2015 年世界冲煮大赛的冠军。如果你去奥斯陆，那么一定要来这里看看。他的网站完美地描述了你所期待的："没有毛病，只有好咖啡。"我们在奥斯陆的最爱！

www.srw.no

奥斯陆的其他咖啡馆：

JAVA KAFFE Ullevaalsveien 47 0171 Oslo

www.javaoslo.no

巴黎 CAFÉ LOMI

MOCCA KAFFEBAR　Niels Juels gate 70　0259 Oslo

www.moccaoslo.no

TIM WENDELBOE　Gr ü nersgate 1　0552 Oslo

www.timwendelboe.no

巴黎

CAFÉ LOMI

3ter rue Marcadet | 75018 Parijs（Paris 巴黎）

Café Lomi 由一家具有工匠精神的烘焙厂、一家咖啡馆和一座培训中心共同组成。起初，所有人阿鲁姆·帕图勒（Aleaume Paturle）只专注于咖啡烘焙，但在 2010 年时，他决定开一家咖啡馆。目前这家咖啡馆已经成为巴黎的热门店铺之一。Café Lomi 会依据季节调整菜单，鉴于每座咖啡种植园的土壤、气候和种植者的照顾方式都有所不同，Café Lomi 以最大的敬意加工着这些咖啡。除了各种精品咖啡，这家咖啡馆也供应多种甜咸点心。Café Lomi 会在咖啡馆后的工作室里组织各种培训活动。

www.cafelomi.com

HOLLYBELLY

19 rue Lucien Sampaix | 75010 Parijs（Paris 巴黎）

如果你喜欢带有美味咖啡的优质早餐，我们绝对要向你推荐这家店。一个贴士：请提前预订，特别是在周末，因为店门口的等候队伍有时候真的很长。

www.holybel.ly

巴黎的其他咖啡馆：

COUTUME CAFÉ

47 rue Babylone　75007 Parijs

60 rue des Écoles　75005 Parijs

33 rue Sommerard　75005 Parijs

www.coutumecafe.com

KB CAFÉSHOP

53 Avenue Trudaine　75009 Parijs

62 rue des Martyrs　75009 Parijs

www.facebook.com/CafeShopSouthPigalle

TEN BELLES

10 rue de la Grange aux Belles　75010 Parijs

www.tenbelles.com

布拉格

DOUBLESHOT

Křižíkova 105 | Prague 8 - Karlín, 186 00（布拉格）

“Doubleshot”的意思是双份浓缩咖啡，但这并不是这家烘焙厂名称的来历。这里的 Doubleshot 指的是两位咖啡爱好者——雅尔达·赫尔斯卡（Jarda Hrstka）和亚拉·杜切克（Yara Tuček）。他俩尽管背景不同，却都选择了共同的使命：向捷克人民展现精品咖啡真正的魅力。Doubleshot 使用的咖啡豆都是从咖啡农那里直接购买的新鲜咖啡豆，并在本地加以烘焙。Doubleshot 的首要目的是把咖啡作为具有完全透明度的烹饪产品展示给世人。经营者关注于高品质的产品，并对咖啡师技艺充满信任。这家咖啡馆的设施很简单，每天坐满了本地人，空气里流淌着轻松的气氛。这里重要的是咖啡的品质，而不是包装。

www.doubleshot.cz

雷克雅未克

REYKJAVIK ROASTERS

Brautarholt 2，105 Reykjavík（Reykjavik 雷克雅未克）

Kárastígur 1，101 Reykjavík

REYKJAVIK ROASTERS，前身是 Kaffismidja Islands，供应着雷克雅未克最高品质的精品咖啡。2008 年成立至今，这家依托精品咖啡的咖啡馆已经发展成为咖啡爱好者的圣地。咖啡豆直接购自种植者，主要是哥伦比亚和尼加拉瓜的种植者。Reykjavik Roasters 提供多种过滤方式——你要勇于询问这些过滤方式各自的特点。这家咖啡馆内的气氛很轻松，小而舒适的空间里充满着新鲜烘焙的咖啡气味。

www.reykjavikroasters.is

斯德哥尔摩

DROP COFFEE

Wollmar Yxkullsgatan 10 | 118 50 Stockholm（斯德哥尔摩）

Drop Coffee 是一家获过奖的烘焙厂，致力创造美味和来自可持续种植与交易的咖啡。经营者把咖啡视作一种让数千人得以为生的精致产品，所以 Drop Coffee 选择品质好的咖啡豆，付给农民公平的价格。这里烘焙的所有咖啡都是完全可追溯的。咖啡烘焙师乔安娜·阿尔姆（Joanna Alm）和埃里克·罗森达尔（Erik Rosendhal）清楚地了解他们咖啡豆的风味。他们每次少量烘焙咖啡豆，以保留所有的香气。Drop Coffee 闻名全球，从 2009 年在南城（Södermalm）中心开业至今，这家咖啡馆已经发展为咖啡爱好者中的热门打卡之地，在这里工作的都是瑞典训练有素和经验丰富的咖啡师。

www.dropcoffee.com

瑞典的其他咖啡馆：

DA MATTEO

Vallgatan 5　411 16 Göteborg（Gothenburg 哥德堡）

Magasinsgatan 17A　411 18 Göteborg

VICTORIAPASSAGEN

Södra Larmgatan 14　411 16 Göteborg

Sprängkullsgatan 10A　411 18 Göteborg

Brödbutik Vallgatan 19　411 16 Göteborg

www.damatteo.se

KOPPI

Norra Storgatan 16　252 50 Helsingborg（赫尔辛堡）

www.koppi.se

美国

HEART EASTSIDE CAFÉ

2211 E Burnside Street | Portland（波特兰）

Heart 名下有两家咖啡烘焙厂，位于俄勒冈州波特兰市。这家企业从不向品质妥协，擅长烘焙精品咖啡。Heart 一直在寻找主要来自中美洲、南美洲和非洲的最好的咖啡豆。为了充分展现每种咖啡豆特有的香气，咖啡烘焙师对每种咖啡豆使用的烘焙方式都不同。之后，咖啡烘焙师会在实验室里对每种咖啡进行杯测，以确保达到卓越的标准。

www.heartroasters.com

GRUMPY

193 Meserole Avenue | Brooklyn, NY 11222（纽约布鲁克林）

Cafe & Roastery Grumpy 是位于布鲁克林绿点区（Greenpoint）的同名咖啡馆不可或缺的一部分。顾客可以在这里获得对烘焙独特的了解。三名获得 Q-Graders 认证的杯测师保证了稳定的品质，咖啡豆只采购自对社会和生态负责的生产商。Grumpy 最关注的是寻找完美咖啡豆的原产地，并冲泡和提供优质的咖啡。Grumpy 和很多咖啡馆、饭店、宾馆都有密切的合作，除了位于绿点区的店面，在纽约还有六家 Grumpy 咖啡馆：公园坡（Park Slope）、下东区（Lower East Side）、切尔西（Chelsea）、时尚区（Fashion District）、纽约市场（Nolita）和中央火车站（Grand Central Terminal）。

www.cafegrumpy.com

GRUMPY | 纽约

斯德哥尔摩
DROP COFFEE

La Folie / Guatemala
Ndimaini / Kenya
Jazmin / Honduras
Debello / Etiopien
SMAKMENY
ÖVRIG DRYCK

标签：公平贸易咖啡、有机&其他

公平贸易促进了国际贸易中的可持续发展，特别是在贫穷国家向西方富裕国家的出口过程中。公平贸易意味着农民——在这种情况下即咖啡农，可以为他们的出口产品获得公平的价格。这个价格与实际生产成本是成比例的，而不取决于国际市场上的关系。对于咖啡烘焙师来说，使用公平贸易标签工作乍一看会很容易，因为消费者可以立即看到，他选用的是公平贸易咖啡，无须对此进一步提问。很遗憾，这是一种面向大规模生产的理念，而且依然存在着问题，因为受保障的公平贸易价格依然极低。用这种价格是不可能让农民生产精品咖啡的。所以传统的公平贸易系统有损于咖啡的品质。一旦说到精品咖啡，我们就来到了另一个细分市场。在这个细分市场，品质决定价格，所以精品咖啡农的选择会很快。无须申请公平贸易证书时烦琐的行政手续，咖啡农就可以轻松地获得更高的价格，而不必花钱购买公平贸易标签。所以，还有另一种方法可以保证种植者的咖啡豆获得公平的价格，即和咖啡农进行直接交易，这也是保证品质控制的唯一方式。咖啡烘焙师和种植者约定一个价格，这个价格无论如何都比公平贸易咖啡所担保的价格要高许多。用这个价格，烘焙师可以要求种植者只采摘成熟的深红色咖啡樱桃，而不是把整根树枝上的都采摘下来，无论上面的咖啡樱桃有没有成熟。当然这种方式需要更多的劳动力，这些都转化为更高的价格。作为咖啡烘焙师，你愿意为这种直接的联系和交流付更多的钱，然而传统的采购网络里完全没有这种透明度。所以，关于现在究竟什么“更好”的讨论有很多方面，不是非黑即白的。后面一种方式当然不是最便于向消费者解释的方式。为了获得更高的盈利，作为咖啡烘焙师，你是否应该直接采购咖啡豆？不，当然不是。正相反，这样花费更多，不过从长期来看，你肯定是赢家。

有机

除此之外，很多种植者都无力负担有机标签的费用。它要价很高，小农户甚至经常无法筹措入门的费用。作为消费者，选择有机咖啡是出于某种意识。好吧，我们可以肯定地说，绝大多数埃塞俄比亚咖啡都是以绝对有机的方式种植的。尽管如此，这些咖啡大多数根本就没有有机标签；很简单，因为种植者没有钱买这个标签。还有，他们为什么要为他们已经在做的事情花这么多钱呢？当然，所有这些标签都曾经有其积极的影响，都有助于提高消费者的意识。多亏了这些标签，可持续性这个问题——无论是对人类还是对环境——才会凸显，并被提上了日程。只是现在它们需要升级，因为它们已不再适合精品咖啡市场。

Santa
LOT : 47
13-71-
PRODUCT

结束语

如果你在读完这本书后，能够换种方式萃取你每天的咖啡，喝咖啡时稍微思索一下，或者从现在开始从本地烘焙师那里购买咖啡，那我们的目的就达到了。如果你观察了咖啡豆的完整轨迹，你无疑可以理解为什么咖啡不仅仅是咖啡，也可以理解，为什么专业咖啡烘焙师的一袋咖啡和超市里的一袋优选咖啡的售价不同。然而，咖啡依然是世界上最便宜的饮品之一，即使你买的已经是卓越的精品咖啡。

hoofdletters
BESTELLEN AAN DE TOOG, A.U.B.
DANK U WEL! :-)
BANCONTACT =

jura

COFFEE
TAKE
AWAY
26
Coffee!
getting kids
back to
School

◇◇◇◇◇◇

人生苦短，无暇饮用坏咖啡。

◇◇◇◇◇◇

术语

A.

酸质（Aciditeit）

指在阿拉比卡咖啡中可以找到的闪光点、多变性、新鲜度和活泼度。消费者往往比较难理解酸质这个概念。更多信息请参阅第 78 页和第 100 页。

回味（Aftertaste）

咖啡被饮下后，留在你口中的风味。

B.

焙烤咖啡（Baked coffee）

指一种烘焙流程，发生在咖啡烘焙时间过长而烘焙温度过低时。在这种情况下，咖啡被烘焙坏了，从外部看确实是棕色的，但由于烘焙流程太慢，时间太久，风味未能发展。

佛手柑（Bergamot）

种植于埃塞俄比亚耶加雪菲地区（Yirgacheffe）的咖啡的典型特征。这种咖啡有典型的佛手柑香气，很像茶。

苦（Bitter）

苦味是咖啡除了甜味和酸质外重要的组成部分，但永远需要平衡。在种植方式正确、烘焙方法良好和萃取方式正确的阿拉比卡咖啡中，苦味永远都不会过于突出。

混合咖啡（Blend）

来自不同原产地的各种咖啡的混合。

闷蒸（Bloomen）

闷蒸，或者小心地把水倒在研磨咖啡粉上，可以释放出烘焙时产生的气体。通过闷蒸，你可以让咖啡同时释放出各种香气。或许换个说法更好：闷蒸有助于更好地、均匀地萃取。

醇厚度（Body）

和风味无关，而是指咖啡的口感。最简单的方法是与牛奶和奶油不同的口感相比。奶油的质地更厚，所以醇厚度更高。

棕化过程（Bruiningsproces）

参见第 278 页的“美拉德反应（Maillardeffect）”。

C.

咖啡油脂（Crema）

用高压从咖啡中压出的脂肪和糖类。

卓越杯（Cup of Excellence）

每年举办的比赛，用于寻找某个国家当年品质最好的咖啡。之后，获胜的咖啡会在拍卖会上被卖给出价最高的买家。

杯测（Cuppen）

国际通行的术语，指品尝咖啡样品以评判品质。这是一门技术，杯测时，咖啡专家通过发现咖啡豆风味的优缺点和特性，来努力确定出一种精品咖啡的特点。

D.

密度（Densiteit）

参见第 277 页的“硬度（Hardheid）”。

干发酵（Droge fermentatie）

在果肉被去除后，咖啡被放入不加水的发酵桶内发酵。干发酵会加速整个流程。

棚架（Droogbed）

带有纱网的加高的桌子。咖啡

豆可以放在上面干燥。纱网可以让空气流通，防止霉菌的产生。这种棚架也被称为“非洲棚架”，因为这种干燥技术最早来自非洲，并越来越多地被运用于咖啡世界的其他地区。

干磨工厂（Dry mill）

这是干燥的咖啡豆脱去羊皮层以待出口的工厂。这里也会按照品质和大小对咖啡豆进行分类。

E.

庄园咖啡（Estate coffee）

咖啡的产地会被进一步追溯到庄园层面。某个地区、某位咖啡农所生产的咖啡。

F.

发酵（Fermentatie）

为了去除蜜状的果胶层，咖啡豆会加水或不加水地发酵 8~72 小时。在这个过程中会产生一种酶，让蜜状的果胶层更容易被去除。重要的一点是，发酵持续时间不能过长，否则就会产生诸如醋味、葡萄酒味等负面的酸味。

浮子（Floaters）

漂浮的咖啡豆。在水洗处理过程中，人们按照重量对咖啡豆进行分类。漂浮的咖啡豆质量较差，重量较轻，因此吸收的营养成分也较少。这通常是因为豆子在被采摘时太生了。它们会被作为劣质咖啡豆出售。

G.

专业谷粒袋（GrainPro bags）

一种理想的生豆包装——相对于传统的黄麻袋。由于咖啡豆是一种季节性产品，每个地区一年只收获一次，作为咖啡烘焙师，你必须尽可能延长它们可使用的时间。生豆的包装应尽可能保留所有的香气。当然这些都会转换为更高的售价。

H.

硬度或密度

（Hardheid of densiteit）

咖啡豆的硬度对咖啡的品质也有巨大的影响。一般来说，密度较高的咖啡豆品质较好。在干磨工厂，人们会按照密度对咖啡豆进行分类。有些咖啡豆较重，因为它们在成熟过程中吸收了更多的养分。硬度较低的咖啡豆会被筛选出来，作为劣质咖啡豆出售。

羊皮层

（Hoornschil of parchment）

把咖啡豆和果肉层分隔开的一层像纸的果皮。这层果皮应尽可能留在咖啡豆外以起到保护作用。直到咖啡豆被出口前，人们才会去掉羊皮层。人们也会使用生豆栽种新的咖啡树，此时羊皮层也需要留在生豆上。

杂交（Hybride）

杂交两种咖啡。

K.

咖啡樱桃（Koffiebes）

咖啡樱桃的大小取决于品种，一般大约等同于一颗M&M’s巧克力豆。其颜色各有不同，但大多数在成熟后会呈深红色。咖啡樱桃的最外层是外壳，里面是甜味的果胶，即果肉。果肉中有两颗咖啡豆，除非碰到圆豆的情况。每颗咖啡豆外包围着银皮层，银皮层会在烘焙时脱落。

L.

批次（Lot）

一定数量的、风味和品质统一的咖啡。

M.

美拉德反应或棕化过程（Maillardeffect of bruiningsproces）

通过加热（烘焙）咖啡豆发生的还原糖和氨基酸之间的化学反应。一旦生豆变成棕色，这种反应就会开始，并导致风味和气味的改变。同样的反应也会发生在煎肉、烤面包等过程中。它是以法国化学家路易斯·卡米拉·美拉德（Louis Camille Maillard）（1878~1936）的名字命名的。

打发牛奶（Melk skretchen）

用蒸汽喷嘴把空气打入牛奶中，牛奶的量几乎会翻一倍。这个过程被称为打发。

微批次（Microlot）

某个地区、某位咖啡农和种植园中某个区域的咖啡。比如说，种植园中的某块区域由于地下或地面条件不同，生产出风貌不同的咖啡豆，这些咖啡豆就可以被称为一个微批次。微批次和种植园中其他批次的区别可能在于特定的位置、海拔、日照、土壤或加工流程。

N.

湿发酵（Natte fermentatie）

在果肉被去除后，水洗前，咖啡被放入加水的发酵桶内发酵。湿发酵会减慢整个流程。为防止污染，使用干净的水是非常重要的。

经过日晒处理的咖啡樱桃（Naturals）

经过日晒处理的咖啡樱桃，即以樱桃形态被太阳晒干的咖啡樱桃。直到干燥后，完全被晒干的果肉才会被去除。

O.

脱气（Ontgassen）

烘焙后必要的步骤。烘焙时咖啡里会产生大量的气体，烘焙后咖啡内含有的气体还太多，不适宜立即被萃取，至少需要等待 24 小时。对于浓缩咖啡来说，最好在烘焙后等待一周时间再萃取。

P.

羊皮层（Parchment）

参见第 277 页“羊皮层（Hoornschil of Parchment）”。

圆豆（Peaberry）

外形不同的一种咖啡豆。一般来说，一颗咖啡樱桃里有两颗半圆形的咖啡豆。圆豆则是咖啡樱桃里只有一颗完全呈圆形的咖啡豆。圆豆的风味可以变得很好，不过重要的是，圆豆必须被挑拣出来，单独出售和烘焙，因为豆子的半径不同。

Q.

奎克豆（Quakers）

未成熟便被采摘的咖啡豆。原则上说它们会在多次的筛选中被挑出，但是奎克豆偶尔会通过网眼而逃过筛选，这主要是在经过日晒处理的咖啡樱桃阶段。在生豆中无法察觉奎克豆。烘焙后你会发现它们，因为它们带有明显的苍白颜色。

S.

筛（Screen）

可筛选咖啡豆的大小。人们会用一种特殊的带有孔洞的机器，按照大小对咖啡豆进行分类。20 毫米的孔洞就是筛号（screen size）20。这个尺寸取决于咖啡的种类。对于咖啡烘焙师而言，豆子尺寸均匀一致，对于获得均匀的烘焙结果来说是很重要的。

单一产地（Single origin）

来自同一个地点、地区或国家的咖啡。

精品咖啡（Specialty coffee）

顶级品质的咖啡。

种（Species）

世界范围内，我们目前所知的咖啡大约有 100 种，并且不断有新的品种被发现。阿拉比卡种是最常见的品种，其次是风味较差的中果咖啡（canephora）/ 罗布斯塔种。

甜度（Sweetness）

咖啡中自然的甜味。生豆中含有大量的糖，在咖啡豆焦糖化的过程（烘焙流程）中，糖会被转化。过度烘焙的咖啡会完全丧失糖分。

T.

总溶解固体（TDS）

总溶解固体（Total Dissolved Solids）是一个用来表示萃取程度的数值，可以用折射仪测量。这个仪器可以测量出溶解于饮品中的咖啡颗粒的数量。

U.

发展不足（Underdeveloped）

指烘焙流程。如果烘焙不足，咖啡的风味就不能充分释放，这种咖啡就会被称为发展不足的咖啡，表现为过酸、不平衡和风味片面。

V.

阀门系统（Valvesysteem）

咖啡包装袋上的单向排气阀。这样烘焙中产生的气体可以从包装袋中排出去，这对于咖啡的脱气很重要，但氧气——咖啡的敌人——却不能进入包装袋。一旦咖啡豆被包装后，这个系统可以较为理想地保存咖啡豆。

品种（Variëteiten）

阿拉比卡种有非常多品种（亚种）。和葡萄一样，每个品种都各有特色，其风味、密度、抗病性等方面也各有不同。有些品种无论在哪里生长，风味都很好。有些品种则在特定的气候或土壤中生长风味更好。还有很多品种的风味则不佳。

W.

浸泡（Weken）

浸泡时，用于干燥咖啡的罐子会被放在干净的水里，这个步骤在水洗之后，干燥咖啡之前。这可以在干燥前稳定冷凝。当天气不适宜于开始干燥时，这也是暂时保存咖啡豆的一种流程。浸泡有助于保存咖啡豆，是肯尼亚和埃塞俄比亚典型的流程。

湿磨机工厂（Wet mill）

对咖啡进行脱皮、水洗和干燥的加工地点。在东非，很多农民会把咖啡樱桃卖给湿磨机工厂，因为他们自己没有加工设备。在拉丁美洲，农民常常拥有自己的湿磨机。

本图由Schuilenburg Coffee Solutions提供

GUATEMALA

附录

风味轮

www.scaa.org

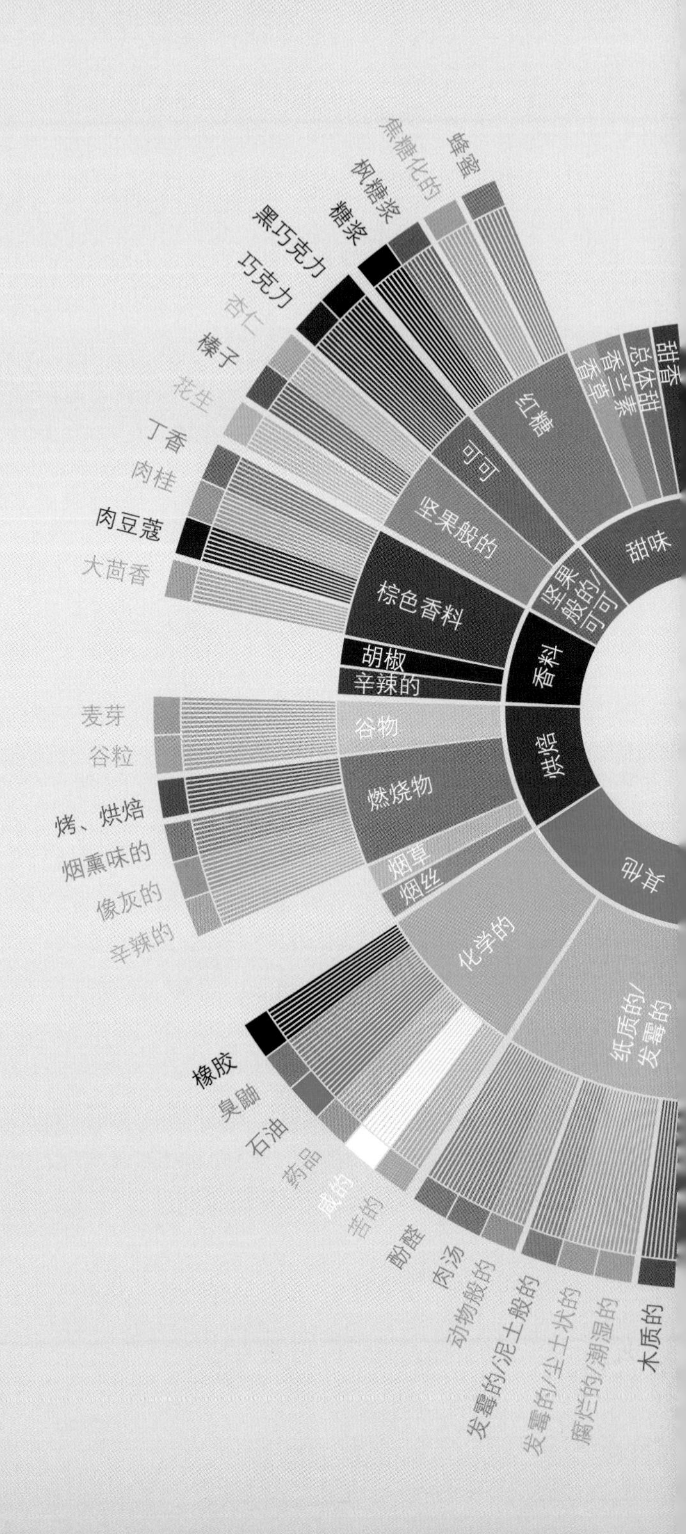

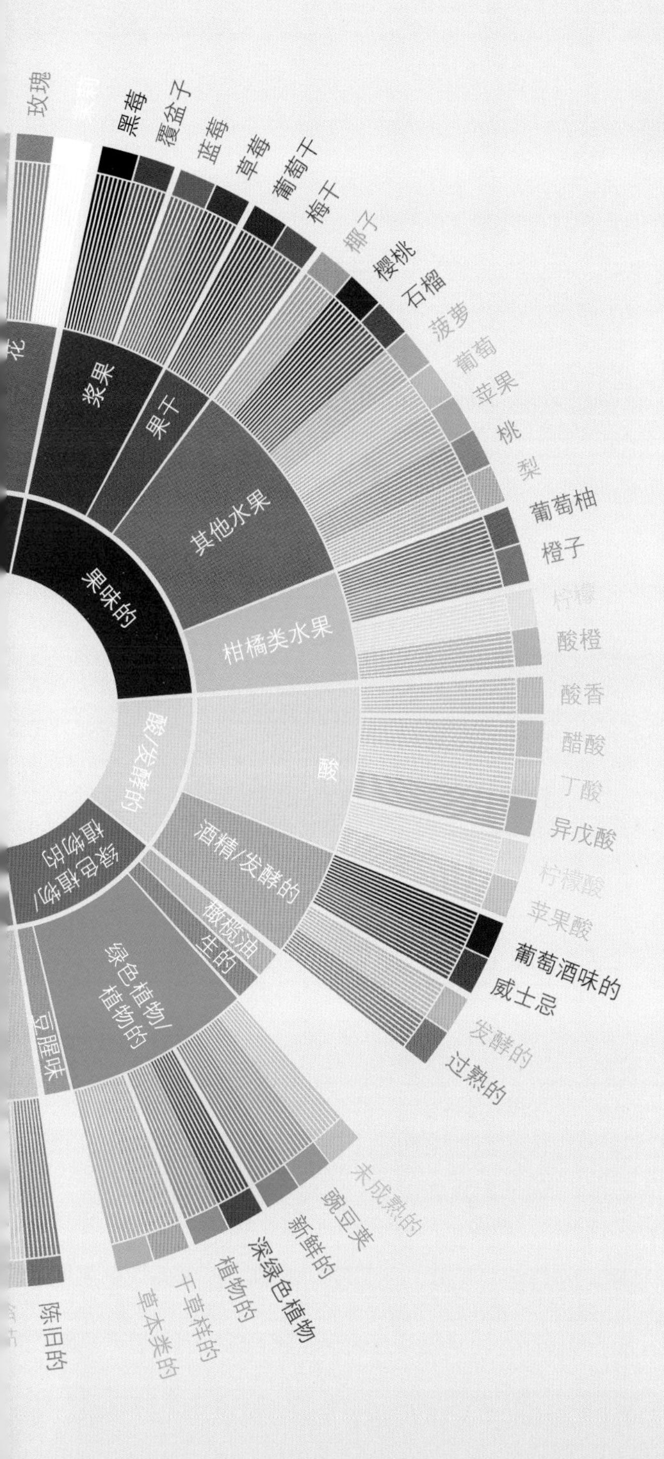

玫瑰
黑莓
覆盆子
蓝莓
草莓
葡萄干
梅干
椰子
樱桃
石榴
菠萝
葡萄
苹果
桃
梨
葡萄柚
橙子
柠檬
酸橙
酸香
醋酸
丁酸
异戊酸
柠檬酸
苹果酸
葡萄酒味的
威士忌
发酵的
过熟的
未成熟的
豌豆荚
新鲜的
深绿色植物
植物的
干草样的
草本类的
陈旧的
花
浆果
果干
其他水果
柑橘类水果
果味的
酸
酸/发酵的
酒精/发酵的
橄榄油
生的
绿色植物/植物的
豆腥味

美国精品咖啡协会杯测表

http://www.scaa.org

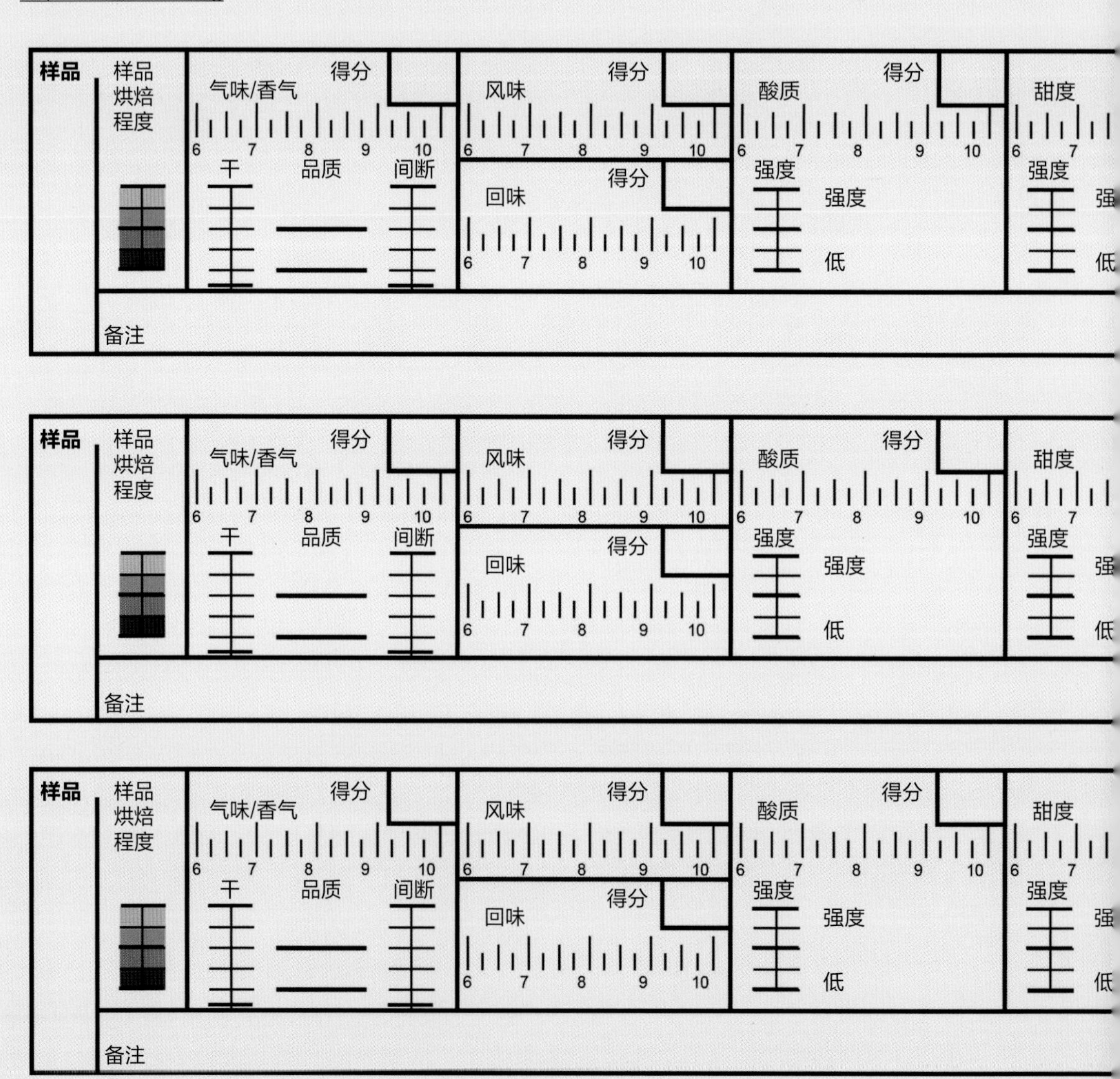

样品
样品 烘焙 程度
气味/香气 得分
6 7 8 9 10
干 品质 间断
风味 得分
6 7 8 9 10
回味 得分
6 7 8 9 10
酸质 得分
6 7 8 9 10
强度
强度
低
甜度
6 7
强度
强
低
备注

样品
样品 烘焙 程度
气味/香气 得分
6 7 8 9 10
干 品质 间断
风味 得分
6 7 8 9 10
回味 得分
6 7 8 9 10
酸质 得分
6 7 8 9 10
强度
强度
低
甜度
6 7
强度
强
低
备注

样品
样品 烘焙 程度
气味/香气 得分
6 7 8 9 10
干 品质 间断
风味 得分
6 7 8 9 10
回味 得分
6 7 8 9 10
酸质 得分
6 7 8 9 10
强度
强度
低
甜度
6 7
强度
强
低
备注

品质等级：

6.00 - 合格	7.00 - 良好	8.00 - 优秀	9.00 - 杰出
6.25	7.25	8.25	9.25
6.50	7.50	8.50	9.50
6.75	7.75	8.75	9.75

分
9 10

醇厚度 得分
6 7 8 9 10

干净度 得分

整体 得分
6 7 8 9 10

总分

平衡性 得分
6 7 8 9 10

一致性 得分

缺点（减分）
污染=2
错误=4
杯数 X 强度 =

最终得分

分
9 10

醇厚度 得分
6 7 8 9 10

干净度 得分

整体 得分
6 7 8 9 10

总分

平衡性 得分
6 7 8 9 10

一致性 得分

缺点（减分）
污染=2
错误=4
杯数 X 强度 =

最终得分

分
9 10

醇厚度 得分
6 7 8 9 10

干净度 得分

整体 得分
6 7 8 9 10

总分

平衡性 得分
6 7 8 9 10

一致性 得分

缺点（减分）
污染=2
错误=4
杯数 X 强度 =

最终得分